ARBEITSGEMEINSCHAFT FÜR FORSCHUNG
DES LANDES NORDRHEIN-WESTFALEN

GEISTESWISSENSCHAFTEN

85. SITZUNG
AM 17. JANUAR 1962
IN DÜSSELDORF

ARBEITSGEMEINSCHAFT FÜR FORSCHUNG
DES LANDES NORDRHEIN-WESTFALEN

GEISTESWISSENSCHAFTEN

HEFT 102

AHASVER v. BRANDT

Die Hanse und die nordischen Mächte
im Mittelalter

HERAUSGEGEBEN
IM AUFTRAGE DES MINISTERPRÄSIDENTEN Dr. FRANZ MEYERS
VON STAATSSEKRETÄR PROFESSOR Dr. h. c. Dr. E. h. LEO BRANDT

AHASVER v. BRANDT

Die Hanse und die nordischen Mächte
im Mittelalter

Springer Fachmedien Wiesbaden GmbH

ISBN 978-3-322-98256-8   ISBN 978-3-322-98949-9 (eBook)
DOI 10.1007/978-3-322-98949-9
© 1962 Springer Fachmedien Wiesbaden
Ursprünglich erschienen bei Westdeutscher Verlag, Köln und Opladen 1962.
Gesamtherstellung: Westdeutscher Verlag ·

Es wird kaum einer besonderen Begründung dafür bedürfen, daß im Kreise der Arbeitsgemeinschaft für Forschung und in der Hauptstadt des Landes Nordrhein-Westfalen über einen Ausschnitt aus der Geschichte der Hanse berichtet wird [*]. Denn die Keimzellen des hansischen Städtewesens, der Lebens- und Organisationsformen des hansestädtischen Bürgers, liegen ja eben hier, in der niederrheinisch-westfälischen Städtelandschaft, wie sie sich – mit weitem Vorsprung vor dem übrigen Deutschland – im Lauf des 10.–12. Jahrhunderts herausgebildet hat. Die kulturellen und sozialen Wurzeln des Städtewesens um die Ostsee, die das hansische „Mittelmeer" war, sind hier in diesem Bereich zu suchen [1]. Das sind bekannte Tatsachen, und von ihnen soll im Rahmen unseres Themas auch nicht weiter gesprochen werden. Nur an eine Komponente dieses großen stadtgeschichtlichen Zusammenhanges sei noch ausdrücklich erinnert: an die soziale und bevölkerungsgeschichtliche. In allen östlichen Hansestädten des Mittelalters wiederholt sich die soziale Gliederung des frühen niederrheinisch-westfälischen Bürgertums, mit ihrem unbedingten Übergewicht einer kaufmännisch-fernhändlerischen Oberschicht. Und in allen östlichen Hansestädten bezeugt das Sprachgut und das Namensgut, bezeugen die Rechtsnormen und die Familienbindungen, bezeugen schließlich auch die kulturellen und künstlerischen Ausdrucksformen das Vorherrschen des rheinisch-westfälischen Bevölkerungselements [2]. Das gilt übrigens nicht nur für die deutschen Ostseestädte selbst, von Lübeck und Rostock über Kolberg und Elbing bis Dorpat und Reval, sondern es gilt auch für den weiteren städtischen Bereich des Nordens und Ostens. In der deutschbürger-

[*] Geringfügig veränderte und erweiterte sowie mit Anmerkungen versehene Fassung eines am 17. Januar 1962 gehaltenen Vortrages.
[1] Zum Folgenden vgl. meinen Beitrag: Die Hanse als mittelalterliche Wirtschaftsorganisation, in dem demnächst erscheinenden Sammelwerk: Die deutsche Hanse als Mittler zwischen Ost und West.
[2] *F. Rörig*, Rheinland-Westfalen und die deutsche Hanse (in: F. Rörig, Wirtschaftskräfte im Mittelalter, Abhandl. z. Stadt- und Hansegeschichte, 1959).

lichen Oberschicht Stockholms begegnen sozial und wirtschaftlich führende Familien mit den Herkunftsnamen Westfal, Attendorn, van Kamen, Wermeskerken, van Wippervorde u. a., im finnländischen Abo erscheinen Träger der Namen van Essen, Herford, Lemegow, Lennepe usw. Am hansischen Kontor zu Bergen herrschten die Lübecker Bergenfahrer bis zum Ende des Mittelalters vor, und unter diesen bildeten noch im 15. Jahrhundert die Träger westfälischer Herkunftnamen die größte Gruppe[3]. Als im Jahre 1494 Zar Ivan III. die in Novgorod damals befindlichen 49 hansischen Kaufleute gefangensetzen ließ, waren ein Drittel dieser Männer Westfalen, mehrere andere waren Lübecker mit westfälischen Familiennamen.

Die führenden Geschlechter dieser Herkunft in den östlichen Hansestädten waren bekanntermaßen durchweg eng miteinander versippt. Auch waren die Familienbeziehungen zu den ursprünglichen rheinischen oder westfälischen Heimatorten oft noch recht lebendig. Das läßt sich an Hand der Testamente und Erbschaftsdokumente aus den Zeiten der großen Pestepidemien des 14. und 15. Jahrhunderts deutlich zeigen. Aus den drei Jahren nach der großen Pest von 1350 sind in Lübeck noch über 80 urkundliche Verwendungsschreiben von 23 rheinischen und westfälischen Städten in Erbschaftssachen erhalten. Von den Ratsmitgliedern in dieser zentralen Stadt der Hanse waren, soweit sich das aus den erhaltenen Herkunftsnamen erschließen läßt, in der Zeit vor 1400 über 40 % ursprünglich rheinisch-westfälischer Abstammung. Ihre Verwandtschaft saß sowohl in den Ratsstühlen der altdeutschen Heimatstädte wie in nahezu allen Städten des Ostseeraumes. Mit nur geringer Übertreibung kann man sagen: die führenden Schichten der führenden östlichen Hansestädte bildeten eine riesige niederrheinisch-westfälische Sippschaftsgruppe. Daß diese bürgerliche „Infrastruktur" auch im Rahmen der eigentlichen Hansegeschichte ihre hohe Bedeutung hatte, liegt auf der Hand.

*

Mit diesen einleitenden Bemerkungen sind daher bereits einige Probleme angerührt worden, die auch unser Thema schon unmittelbar betreffen. Denn wenn nun insbesondere zunächst die Frage nach dem Wesen der Hanse – als des einen Partners in der hier zu behandelnden internationalen Beziehung – zu stellen ist, so haben wir bereits zwei der kennzeichnenden konstitutiven

[3] W. *Koppe*, Lübeck-Stockholmer Handelsgeschichte im 14. Jahrhundert (1939); R. *Dencker*, Finnlands Städte und hansisches Bürgertum (Hansische Geschichtsbll. 77, 1959); F. *Bruns*, Die Lübecker Bergenfahrer und ihre Chronistik (1900), S. CXLI.

Elemente dieser Städtegemeinschaft kennengelernt: einmal die weitgehend
identische *soziale* Struktur – zum anderen die weitgehend gleichartige *wirtschaftliche* Daseinsgrundlage der Hansestädte, nämlich die Teilnahme an dem
nordeuropäischen Fernhandelssystem, also der Warenvermittlung über weite
Räume, neben der die gewerbliche oder handwerkliche Produktion fast überall erst an zweiter Stelle steht; dies freilich in örtlich und landschaftlich verschiedenem Grade.

Es bestand also eine ursprüngliche und grundsätzliche Gleichheit der wirtschaftlichen und sozialen Interessen der Städte des hansischen Raumes: von
Köln am Niederrhein und Kampen an der Zuiderzee bis Reval an der finnischen Bucht und Thorn an der Weichsel, von Erfurt, Magdeburg und Breslau
bis Bremen, Lübeck und Danzig. Aus dieser Interessengleichheit ergibt sich
das, was wir Hanse nennen. Es ergibt sich ferner aus ihr die doppelte Zielsetzung der hansischen „Politik", soweit man von einer solchen sprechen
kann: quasi-„innenpolitisch" die Wahrung der städtisch-bürgerlichen Autonomie, der möglichst unbeschränkten Selbstverwaltung in der Form der Ratsverfassung, bei weitgehender verfassungsrechtlicher Vorherrschaft des kaufmännischen Großbürgertums und in ständiger Abwehr von Eingriffen seitens
fürstlicher Gewalt, also des werdenden Territorialstaates; quasi-„außenpolitisch" als elementarste Aufgabe die Rechts- und Friedenssicherung der Märkte
und Verkehrswege im gesamten nordeuropäischen Handelsbereich, und damit in unmittelbarem Zusammenhang die Gewinnung und stete Sicherung
von Rechtsschutz-, Zoll- und Handelsprivilegien bei allen staatlichen oder
quasi-staatlichen Machthabern dieses Bereichs. Ein dänischer Historiker hat
kürzlich, übrigens in beachtlichem Gegensatz zu sonst vorherrschenden Gesichtspunkten der skandinavischen Geschichtsschreibung, die eigentliche Tendenz der hansischen Politik folgendermaßen zutreffend gekennzeichnet: die
Hansestädte erstreben „die bestmöglichen Handelsbedingungen bei größtmöglicher Unabhängigkeit und geringstmöglicher Anwendung kriegerischer
Gewalt"[4].

Der Verwirklichung dieser Tendenzen standen nun aber zahlreiche Hindernisse entgegen, die sich nicht nur aus macht- oder wirtschaftspolitischen Einzelkonstellationen ergaben, sondern die im Wesen der Sache selbst, im Wesen

---

[4] *A. E. Christensen* in: Det nordiske syn på forbindelsen mellem Hansestaederne og
Norden (Aarhus 1957), S. 86. Dieses Sammelwerk – fünf Referate vom Nordischen Historikerkongreß 1957 über die Beziehungen der einzelnen nordischen Länder zur Hanse – gibt
im ganzen für unser Thema leider weniger her, als man erwarten könnte; vgl. dazu die
Bemerkungen von *P. Johansen*, HansGbll. 76, 1958, S. 143 ff.

der Hanse begründet waren. Es wurde oben schon von der Gemeinsamkeit gewisser lebenswichtiger Interessen der Städte als dem konstitutiven Faktor für ihren Zusammenhalt gesprochen. In der Tat gab es vom 13. bis in das 16. Jahrhundert überhaupt keine andere grundlegende, insbesondere keine statutarische Norm für das Verhältnis der Hansestädte untereinander und zueinander als die Gleichheit jener Interessen, die sich insbesondere im Anspruch aller auf den Mitgenuß der Auslandsprivilegien durch ihre Bürger und auf Teilnahme an gemeinsamen Beratungen, d. h. an den Hansetagen, manifestierte. Es gab zwar zahlreiche *ad hoc*-Beschlüsse über die Regelung kommerzieller und gewerblicher Einzelheiten, über die Durchführung quasi-außenpolitischer oder wirtschaftspolitischer Verhandlungen oder Aktionen. Es gab indessen weder einen Bündnisvertrag oder eine andere Form einer alle Mitglieder verpflichtenden Satzung, noch gab es Bundesorgane, Bundesfinanzen oder irgendeine Form einer Bundesexekutive. Mit anderen Worten: die Hanse ist niemals „Bund" gewesen oder geworden, weder im völkerrechtlichen, staatsrechtlichen oder vereinsrechtlichen, noch im politischen Sinne. Dies in bemerkenswertem Gegensatz zu den echten „Städtebünden", die das Mittelalter ja in Deutschland wie anderswo gekannt hat.

Die Hanse entzieht sich also jeglichem Versuch einer Definition in irgendwie körperschaftlicher oder bundesrechtlicher Hinsicht. Nichts ist dafür kennzeichnender als die Tatsache, daß es nie gelungen ist (weder den Zeitgenossen noch den Nachfahren), zuverlässige und vollständige Mitgliedslisten der Hanse anzulegen; es fehlte und fehlt aus mit der Sache gegebenen Gründen an eindeutigen, positiven Merkmalen einer Mitgliedschaft. Gerade in dieser Unfaßbarkeit als rechtliche, politische oder auch wirtschaftliche „Organisation" ist die Hanse echtestes Mittelalter und eines der eindrucksvollsten Beispiele dafür, daß sich mittelalterliche Erscheinungen allzuoft nicht mit heutigen Denk-, Sprach- und Rechtsformen umschreiben lassen. Auch der wohl am ehesten einleuchtende Vorschlag, die Hanse als eine „Interessengemeinschaft" zu bezeichnen, ist in diesem Sinne natürlich nur eine Notlösung, weil auch in diesem Begriff sehr moderne Vorstellungen mitschwingen und weil er zudem gewissen geistigen, kulturellen und sozialen Zusammenhängen nicht ausreichend Rechnung trägt. Immerhin wird damit das bezeichnet, worauf es hier im Rahmen eines politischen und wirtschaftlichen Themas ankommen muß: daß nämlich die Hanse jeweils nur insoweit existierte und im Einzelfall handlungsfähig war, als sich die Interessen der Einzelstädte oder einzelnen Bürgerschaften tatsächlich deckten. Die Bezeichnung „Hansebund" sollte daher aus unserer Geschichtsschreibung verschwinden.

Dies bedeutet nicht nur, daß die Aktionsfähigkeit der Hanse als Ganzes allgemein sehr schwerfällig und sehr begrenzt sein mußte, daß sie insbesondere zu aktiver Initiative nahezu unfähig war, sondern es bedeutet darüber hinaus auch, daß sie faktisch als „Ganzes" (was nun auch dieses Ganze gewesen sein mag) überhaupt kaum je gehandelt hat. Denn in jedem historischen Einzelfall sind niemals die Interessen aller Städte gleichmäßig berührt worden. Wenn Geschichtsforschung und Geschichtsschreibung in vielleicht unumgänglicher Vereinfachung gleichwohl von „*der Hanse*" als handelndem Faktor im historischen Geschehen sprechen, so muß doch im Auge behalten werden, daß es in Wirklichkeit jeweils nur bestimmte Gruppen von Städten waren, die da handelten. Sie waren dann häufig durch ein hierfür besonders geschlossenes Zweckbündnis vereinigt, während andere Gruppen oder Einzelstädte völlig unbeteiligt blieben, allenfalls nachträglich hinzustießen, wenn das Ergebnis der Aktion ihren Interessen förderlich schien [5]. Das gilt beispielsweise von der historisch wohl bekanntesten Aktion, die in den Darstellungen der deutschen und nordischen Geschichte als Krieg der Hansestädte gegen Waldemar Atterdag von Dänemark erscheint und deren Ergebnis, der Stralsunder Frieden von 1370, als der Höhepunkt hansischer „Machtstellung" gilt. Der Krieg ist nicht von „der Hanse" geführt worden – sie wäre dazu ihrem Wesen nach unfähig gewesen –, sondern von der dafür 1367 eigens abgeschlossenen Kriegskoalition, der Kölner Konföderation. Ihr gehörten von den zahlreichen Hansestädten der Zeit nur etwa ein Dutzend ostseeischer und niederländischer Städte an, darunter auch solche, die nie zur Hanse gehört haben, dagegen keine rheinische, westfälische oder niedersächsische Stadt. Das Friedensergebnis mit den weitgehend gesicherten Privilegierungen im dänischen Machtbereich ist dann freilich von allen überhaupt Interessierten gern mit in Anspruch genommen worden. Es ließen sich zahlreiche weitere Beispiele dieser Art nennen.

Führte fehlendes Interesse dazu, daß hansische Städte oder Städtegruppen bei solchen Aktionen sich ganz passiv verhielten, so konnte darüber hinaus abweichendes Interesse sie sogar veranlassen, eine andere Partei zu nehmen oder auf eigene Faust zu handeln. So hat Bremen im 13. Jahrhundert bei hansischen Auseinandersetzungen mit Norwegen, Köln im 15. Jahrhundert

---

[5] Vgl. hierzu außer der allgemeinen hansegeschichtlichen Literatur (besonders *E. Daenell*, Die Blütezeit der deutschen Hanse, 2 Bde, 1905/06) u. a. *E. Daenell*, Die Kölner Konföderation vom Jahre 1367 u. die schonischen Pfandschaften (1894), sowie *W. Bode*, Hansische Bundesbestrebungen in der ersten Hälfte des 15. Jahrhunderts (HansGbll. 1919, 1920/21, 1926).

beim hansischen Kampf um die englischen Privilegien direkte Gegenpolitik gegen „die Hanse" betrieben. Die beiden mecklenburgischen Städte Rostock und Wismar rüsteten gegen Ende des 14. Jahrhunderts im Auftrage und im Bündnis mit ihren Landesherren die Kaperflotten der Vitalier aus, gegen die gleichzeitig die Flotten der mit Königin Margareta von Dänemark verbündeten Hansestädte unter Lübecks Führung kämpften. Danzigs abweichende handelspolitische Interessen ferner haben fast im ganzen 15. und in der ersten Hälfte des 16. Jahrhunderts immer wieder zu einer teils verdeckten teils offenen Gegenpolitik gegenüber der hansischen Zentrale Lübeck geführt[6].

Diese Andeutungen müssen genügen, um zu zeigen,
1. daß „die Hanse" im eigentlichen umfassenden Sinne als weltgeschichtlicher Faktor allerdings insofern existiert hat, als eine latente Sozial-, Gesinnungs- und Interessengemeinschaft vorhanden war, die sogar über die Reichsgrenzen insoweit hinausreichte, als die in vielen nordischen Städten lebenden deutschen Bevölkerungsgruppen aus ihr hervorgegangen waren und mit ihr in sozialem und wirtschaftlichem Kontakt standen;
2. daß „die Hanse" als aktiv handelnder Faktor hingegen nur eine Fiktion ist, hinter der als Realität jeweils stark wechselnde Interessen- und Aktionsgruppen einzelner Städte stehen.

Im Verhältnis zu den nordischen Mächten, was hier allein interessiert, scheiden die mitteldeutsch-binnenländischen, die niedersächsischen und die rheinisch-westfälischen Städte so gut wie völlig aus. Wir haben es da vielmehr nur mit drei hansischen Städtegruppen zu tun: mit der *livländischen*, deren Sonderstellung in dieser Betrachtung aber weitgehend zurücktreten muß, mit der *preußischen*, deren Aktivität ebensosehr durch die von Lübeck abweichenden Wirtschaftsinteressen wie durch das wechselnde Verhältnis zum Landesherrn, dem Deutschen Orden, bestimmt wurde, schließlich mit der eigentlichen Kerngruppe der Hanse, den *wendischen* Städten, mit der Führerin Lübeck: neben Lübeck selbst Lüneburg, Hamburg, Wismar, Rostock, Stralsund – gelegentlich, und namentlich im Verhältnis zum Norden, ist auch Greifswald noch hinzuzurechnen. Gerade im Hinblick auf den Norden nun ist die wendische Gruppe die eigentliche und meist die alleinige Trägerin hansischer Politik sowohl als auch der direkten wirtschaftlichen, bevölke-

---

[6] Vgl. dazu, wiederum außer der allgemeinen Hanseliteratur, u. a. *William Christensen*, Unionskongerne og Hansestaederne 1439–1466 (Kopenh. 1895), S. 2, und über den Gegensatz zwischen Danzig und Lübeck zur Zeit Karl Knutssons und Christians I. *K. Kumlien*, Sverige och Hanseaterna, Studier i svensk politik och utrikeshandel (Stockh. 1953), S. 366 ff.

rungsmäßigen und kulturellen Beziehungen. Doch bleibt zu berücksichtigen, daß Lüneburg und Hamburg zuweilen abseits stehen oder doch taktische Zurückhaltung üben, daß Wismar und Rostock durch die Rücksicht auf ihre Landesherren namentlich zur Zeit der mecklenburgischen Albrechte mehrfach zu abweichender Stellungnahme gezwungen werden, daß Stralsund, seit der Gründungszeit ein gewisses Konkurrenzgefühl gegen Lübeck nährend, keineswegs unbedingt und immer die Führungsstellung der Travestadt anzuerkennen geneigt ist.

Es zeigt sich recht deutlich, wie der Begriff „Hanse" bei näherer Betrachtung zusammenzuschrumpfen vermag, ja bisweilen fast unter den Händen zu zerfließen scheint. Selbst wenn wir es im Verhältnis zum Norden in der Regel mit den sechs bis sieben wendischen Städten, allenfalls noch mit Danzig und Elbing als den preußischen Führerstädten zu tun haben, so ist es doch nicht ganz selten geradezu *Lübeck* allein, das sich als Träger dessen erweist, was dann als „die Hanse" in der politischen Tat und in der historiographischen Widerspiegelung figuriert.

Nun bedeutet freilich auch dies keineswegs wenig im ökonomisch-politischen Kräftespiel der Zeit: denn Lübeck ist die beherrschende Handelszentrale, Stapel- und Umschlagplatz der Ost-, West- und Nordwaren, zugleich entscheidender Verkehrsknotenpunkt und schließlich auch stärkster Kapitalmarkt des nordeuropäischen Wirtschaftssystems. Es spielt im Ostseeraum insoweit etwa die gleiche Rolle wie Venedig mit seinen freilich unvergleichlich viel größeren Machtmitteln und Möglichkeiten im östlichen Mittelmeer[7]. Gleichwohl wird schon nach diesen Andeutungen einleuchten, daß von „der Hanse" als einem in sich geschlossenen, etwa den deutschen Norden gewissermaßen repräsentierenden Machtblock wirtschaftlicher und politischer Art schlechterdings nicht die Rede sein sollte. Es ist demgegenüber ja nicht nur an die konstitutive Schwäche des Gesamtverbandes zu erinnern sowie an die unter Umständen erheblich abweichenden Gruppeninteressen im Einzelfall, sondern es muß auch bedacht werden, daß aus diesem Bild einer norddeutschen „Großmacht", das von der wilhelminischen und der skandinavischen Forschung[8] mit einer gewissen Vorliebe entworfen worden ist, ein wesentlicher Faktor gänzlich herausgefallen ist, der in der historischen Wirklichkeit die Aktionsfähigkeit der Hanse aufs stärkste beeinflußt und begrenzt, oft geradezu paralysiert hat: das norddeutsche Territorialfürstentum. Es ist der

---

[7] *A. v. Brandt,* Der Untergang der Polis als Großmacht: Lübeck und Venedig im 16. Jahrhundert (in: Geist u. Politik in der Lübeckischen Geschichte, 1954).

[8] *Kumlien* a. a. O., S. 39.

eigentliche Irrtum gewisser Richtungen der älteren und auch noch der neueren ausländischen Geschichtswissenschaft, daß sie die Potenzen und Machtinteressen dieses dynastischen Faktors der norddeutschen Geschichte allzugern im gleichen Rahmen sehen wie die Interessen und Fähigkeiten der Hansestädte, ja geradezu beide addieren. Daraus ergeben sich jene eigentümlichen, nationalgeschichtlich fundierten Mißverständnisse der hansisch-nordischen Beziehungen namentlich des 14. Jahrhunderts, auf die noch zurückzukommen ist. In Wahrheit besteht ja, was für den Kenner der deutschen Territorialgeschichte des ausgehenden Mittelalters keines Beweises bedarf, zwischen Städten und Fürstentum in ganz Deutschland und so auch in Norddeutschland ein von keinerlei nationalem Gesamtinteresse überwölbter oder gar aufgehobener institutioneller Existenzkampf als Dauerzustand. So ist auch die Hanse in sehr wesentlichen Zügen ihres Daseins nichts als – um ein bekanntes Schlagwort zu variieren – ein „System von Aushilfen" gegenüber der ständigen und im Laufe des Spätmittelalters ständig zunehmenden Einengung und Bedrohung durch die dynastischen Flächenstaaten und durch deren fast ununterbrochene Auseinandersetzungen, Koalitionen und Gegenkoalitionen[9]. Es handelt sich für unser Thema insbesondere um die Braunschweiger, die Holsteiner und die askanischen Sachsen-Lauenburger, die Mecklenburger und die Pommernherzöge, den preußischen Hochmeisterstaat und Brandenburg, daneben eine Reihe kleinerer geistlicher Herren und Territorien; die meisten weltlichen Staaten und Dynastien sind dabei in der Regel noch in mehrere Zweige geteilt, mit manchmal nur schwer durchschaubaren dynastischen und territorialen Ansprüchen, Kompetenzen und Überschneidungen. Der natürliche Gegensatz zwischen dem robusten territorialen Egoismus und Fiskalismus dieser ständisch gegliederten Landesherrschaften einerseits und dem auf Autonomie, wirtschaftliche Bewegungsfreiheit und grundsätzliche Rechtsgleichheit aller Bürger angelegten Lebensstil der Handelsstädte ist das eigentlich bewegende und entscheidende Moment der norddeutschen und damit auch der hansischen politischen Geschichte des 13., 14. und 15. Jahrhunderts. Dies um so mehr, als dies ganze politische System der Zügelung durch eine gesamtstaatliche Zentralgewalt entbehrte.

Mit anderen Worten: man hat es in Norddeutschland – wie ja in Deutschland überhaupt – nicht in erster Linie mit nationalen, sondern mit *ständischen* Entwicklungsvorgängen und Gegensätzen zu tun, wenn man die spätmittelalterliche Geschichte auf ihren Wesensgehalt analysieren will. Diese Ausein-

---

[9] *G. v. d. Ropp*, Die Hanse u. die deutschen Stände, vornehmlich im 15. Jahrhundert (HansGbll. 1886).

andersetzungen sind nun für den Außenstehenden um so schwieriger zu begreifen, als sie sich keineswegs immer mit klar gegliederten Frontstellungen vollziehen – etwa hier Fürstentum, hier Adel, hier städtisches Bürgertum –, sondern je nach der Machtlage in immer neuen Koalitionen. Denn insoweit besteht eine Art von labilem Gleichgewicht, als in der Regel weder das Fürstentum oder der Adel allein, noch das städtische Bürgertum allein politisch aktionsfähig sind oder sich durchzusetzen vermögen [10]. Vielmehr bieten die Interessenvarianten der Städte und Städtegruppen einerseits, der dynastisch-territorialen Klein- und Großmächte andererseits eben jene Möglichkeit zu rasch wechselnden Konstellationen, die das eigentliche Charakteristikum der Epoche sind.

*

Damit ist ein entscheidender Punkt in der Betrachtung erreicht. Es kam darauf an, zu zeigen, daß es in dem hier zu behandelnden Zeitraum weder eine einheitlich aktionsfähige und einheitlich agierende „Hanse" noch etwa ein norddeutsches Staatensystem als quasi-nationale und unter nationalen Gesichtspunkten handelnde Einheit gegeben hat. Dies hervorzuheben ist nicht überflüssig gegenüber denjenigen Auffassungen in der nordischen Geschichtswissenschaft, aber auch in der deutschen des 19. Jahrhunderts, welche das hansisch-nordische Verhältnis des Spätmittelalters als eine von vornherein oder doch im Endergebnis *national* bestimmte Auseinandersetzung zwischen Deutsch und Skandinavisch sehen. Dabei muß dann das entscheidende politische Ereignis im spätmittelalterlichen Skandinavien, die Gründung der Union (Kalmar 1397), als der allein erfolgversprechende außenpolitische Gegenzug gegen „die deutsche Expansion des 14. Jahrhunderts", gegen eine „gemeinsame Expansion von norddeutscher Fürstenmacht und norddeutschem Kriegeradel im Bunde mit hansischer Wirtschaftsoffensive" verstanden werden (*E. Lönnroth*) [11]. Auch für den norwegischen Senior der skandinavischen Historikerschaft, *Halvdan Koht*, ist die Zielsetzung der Union in erster Linie „Kampf gegen die deutsche Herrschaft, insbesondere die Herrschaft der

---

[10] Mit Recht bemerkt im Hinblick auf das Machtverhältnis der Städte zum Norden der dänische Historiker *Kr. Erslev*, daß die Hanse gegenüber dem Norden machtlos war, wenn sie nicht fürstliche Bundesgenossen hatte (vgl. das Zitat bei *A. E. Christensen* a. a. O., S. 86).
[11] *E. Lönnroth*, En annan uppfattning (Stockh. 1949) S. 110 ff. (vgl. das Zitat bei *A. E. Christensen* a. a. O., S. 88). Im gleichen Sinne äußert sich L. auch in seinem Hauptwerk Sverige och Kalmarunionen (Göteborg 1934), S. 8 („tyskarna som erövrare").

Hanse", denn die Hansestädte sind „die aggressivste Macht des Nordens"[12]. Daß in diesen erstaunlichen Formulierungen, die in der tatsächlichen Politik der großen ersten Unionsherrscherin nicht die geringste Stütze finden, die Erlebnisse und Gefühle des norwegischen Außenministers der Jahre 1939/40 mitschwingen, ist ja unverkennbar. Aber die Beispiele für ähnliche Auffassungen auch bei anderen Autoren ließen sich häufen; es handelt sich dabei im Grunde um äußerst zählebige Nachwirkungen politischer Propaganda des 15. bis 17. Jahrhunderts[13]. Das Thema der Nordischen Union ist nun in der Tat der wichtigste Prüfstein für die Beurteilung des hansisch-nordischen Verhältnisses im Mittelalter. Bevor wir die eigene Antwort auf diese Frage finden können, muß noch die Lage der nordischen Partner und Gegenspieler der Hanse kurz skizziert werden.

Unter den drei nordischen Königsstaaten haben Dänemark und Norwegen einen erheblichen zeitlichen Vorsprung vor Schweden, *Dänemark* wahrt seinerseits vor den beiden anderen Ländern einen bedeutenden staats- und machtpolitischen Vorsprung bis in das erste Jahrhundert der Neuzeit. Es ist die eigentliche Kern- und Großmacht des nordischen Raumes und des ganzen Ostseegebietes. *Norwegen* verliert demgegenüber seit der Mitte des 14. Jahrhunderts durch Personalunionen, seit dem Ausgang des Mittelalters auch durch eine immer realer werdende Angliederung an Dänemark seine selbständige Stellung, es wird zum Nebenland der dänischen Krone. Auch im Verhältnis zu den Hansestädten, und das heißt in wirtschaftlicher Beziehung, ist das Land der schwächste der drei nordischen Partner. Seit englische und deutsche Kaufleute, später fast ausschließlich die Deutschen, der norwegischen Stockfischproduktion einen weltweiten Absatzmarkt erschlossen hatten und garantierten, war diese Produktion zwar zur Grundlage einer zunehmenden Bevölkerungs- und Siedlungsverdichtung geworden; es besteht Einigkeit darüber, daß erst diese Intensivierung des durch die Hansestädte vermittelten Außenhandels z. B. die Besiedlung des nördlichen Norwegen ermöglicht hat. Die Kehrseite des Vorganges war jedoch, daß 1. Norwegen in zunehmendem Maße von der ausländischen Brotgetreidezufuhr abhängig wurde, die

---

[12] *H. Koht*, Drottning Margareta och Kalmarunionen (Stockh. 1956), S. 82, 152. Selbstverständlich sind solche Auffassungen auch in der skandinavischen Wissenschaft nicht alleinherrschend; vgl. z. B. demgegenüber die Feststellung von *K. Kumlien* a. a. O., S. 333 f.: es gibt keine Belege dafür, daß die Kalmarunion als bewußte nordische Gegenmaßnahme gegen die Hanse geschaffen worden wäre.

[13] Vgl. hierzu die zutreffenden Urteile in der einleitenden Übersicht über die Literatur der älteren Jahrhunderte bei *Kumlien* a. a. O., S. 13 ff.

wiederum überwiegend in den Händen der Hansekaufleute lag[14], und daß 2. die norwegische Volkswirtschaft als Ganzes unter dem übermächtigen Druck der hansischen Handelstechnik und Kapitalkraft immer unselbständiger wurde, ja in einzelnen Zweigen geradezu zum Erliegen kam[15]. Dazu kam noch, daß die Deutschen hier – im Gegensatz zu den anderen Ländern des Nordens – in geschlossenen Kolonien lebten, für die sie geradezu exterritoriale Rechte beanspruchten und mindestens zeitweise und gradweise auch durchsetzten. Die „Deutsche Brücke" in Bergen ist das bekannteste Beispiel für diese Form kontorischer Abschließung[16]. Diese Zustände gestatten bei aller Vorsicht einen Vergleich etwa mit den Verhältnissen europäischer Niederlassungen des 19. Jahrhunderts im Nahen und im Fernen Osten, in gewisser Weise auch mit der Stellung der nordamerikanischen Wirtschaft und des nordamerikanischen Kapitals in einzelnen lateinamerikanischen Ländern. Auch die Folgen waren die gleichen: in Norwegen hat sich zuerst und bereits seit dem 13. Jahrhundert eine Fremdenfeindschaft, und das hieß eine Deutschenfeindschaft, herausgebildet, die zweifellos zunächst den Privilegien, dann aber auch den Gruppen und Personen der deutschen Kaufleute galt; doch war sie gewiß weniger national als sozial oder ständisch motiviert – ähnlich wie etwa im gleichzeitigen Westeuropa die verbreitete Abneigung gegen den Lombarden weniger durch seine italienische Herkunft als durch seine Tätigkeit als Geldwechsler und Wucherer motiviert war.

In *Schweden* lagen die Verhältnisse anders. Staatlich das jüngste und anfangs, im Hochmittelalter, auch noch das schwächste der drei Reiche, mit einem wenig entwickelten Städte- und Gewerbewesen, konnte es den deutschen Bürger und Kaufmann um so rückhaltloser willkommen heißen und aufnehmen, als irgendein Anlaß zu macht- oder wirtschaftspolitischen Reibereien mit den hansischen Städten schon aus geographischen Gründen zu-

---

[14] *Grethe Authén Blom* in Det nordiske syn..., S. 33.
[15] Aus der bei *Authén Blom* im Überblick gegebenen Literatur über das hansisch-norwegische Verhältnis sind besonders die verschiedenen Arbeiten von *J. Schreiner* hervorzuheben: Hanseatene og Norges nedgang (Oslo 1936); Bemerkungen zum Hanse-Norwegen-Problem (HansGbll. 72, 1954, dazu auch *M. Wetki*, Studien zum Hanse-Norwegen-Problem, HansGbll. 70, 1951); Die Frage nach der Stellung des deutschen Kaufmanns zur norwegischen Staatsmacht (HansGbll. 74, 1956); ferner auch desselben Pest og Prisfall i senmiddelalderen (Oslo 1948).
[16] Aus der umfangreichen Literatur über das Bergener Hansekontor sei hier nur genannt das Buch von *F. Bruns* über die Lübecker Bergenfahrer (vgl. oben Anm. 3) sowie *C. Koren Wiberg*, Hanseaterne og Bergen (Bergen 1932) – die beiden klassischen Darstellungen.

nächst nicht gegeben war[17]. Es gab keine einseitige Abhängigkeit vom hansischen Handel, da das Land in der Ernährungswirtschaft autark war, mit der einen und allerdings nicht unwichtigen Ausnahme des Salzes, das hier wie anderswo ja nicht nur als Gewürz, sondern vor allem auch als Konservierungsmittel in gewaltigen Mengen verbraucht wurde und das man einstweilen nur durch die hansische Zufuhr erhalten konnte. Stärker war das Land auf das hansische Kapital angewiesen, namentlich, seit Mitte des 13. Jahrhunderts, für die vermehrte und technisch rationalisierte Ausbeutung seiner reichen Bodenschätze an Eisen und Kupfer. Schweden hatte aber eben mit diesen beiden Hauptartikeln seiner mittelalterlichen Ausfuhr auch Wertwaren zu bieten, denen die fischerei- und landwirtschaftlichen Exportgüter Dänemarks und Norwegens wertmäßig nicht gleichkamen. Diese anderen Wirtschaftsgrundlagen brachten es mit sich, daß sich hier hansestädtische Kaufleute und auch qualifizierte Handwerker in erheblicher Zahl als Bürger der schwedischen Städte niederließen, ja überhaupt erst zu deren Auf- und Ausbau wesentliches beitrugen. Einer exterritorialen Stellung, wie in Norwegen, bedurften sie hier schon deswegen nicht, weil Wirtschaft und Verwaltung der Städte ohnehin von ihnen, d. h. von der ursprünglich wohl überwiegend deutschen bürgerlichen Oberschicht, bestimmt wurden. Die neuere Forschung hat mit Recht festgestellt, daß die bekannte Regel im schwedischen Stadtrecht des Königs Magnus Eriksson von ca. 1350, wonach den Deutschen die Hälfte der Ratssitze in den schwedischen Stadtverwaltungen zustand, nicht als Privileg, sondern als einschränkende Maßregel zu verstehen war, deren Durchführung (d. h. die Beschränkung der deutschen Bürger auf die Hälfte der Sitze) sich auch noch jahrzehntelang als praktisch unmöglich erwies[18]. Die Bestimmung richtete sich also ihrem Sinn nach gegen ein deutsches Übergewicht, und man hat sie wohl mit Recht in den größeren Zusammenhang einer ersten schweren Krise im Verhältnis zwischen den Hansestädten und dem schwedischen Königtum in den 1340er Jahren gestellt. Diese Krise hatte fiskalisch-politische Gründe, und auf sie muß hier kurz eingegangen werden, weil sie das Bild der Lage im Norden überhaupt vervollständigen und charakterisieren.

So wenig wie die Hanse oder Norddeutschland oder das ganze mittelalterliche Deutschland darf man die nordischen Reiche des Mittelalters als ge-

---

[17] Für die Geschichte des hansisch-schwedischen Verhältnisses im Mittelalter liegt die maßgebende, die Zusammenhänge sorgfältig und nüchtern ausbreitende Darstellung von K. *Kumlien* vor, vgl. oben Anm. 6.
[18] Sie konnte erst in den 1430er Jahren verwirklicht werden, *Kumlien* a. a. O., S. 346.

schlossene, staatlich gefestigte Nationalkörper ansehen. Auch hier haben wir es vielmehr mit durchaus im Fluß befindlichen Entwicklungen zu tun, was noch dadurch begünstigt wurde, daß sich die nordischen Völker im Mittelalter sprachlich und sozial noch sehr viel näherstanden als heute. Sieht man selbst von Finnland ganz ab, das ja noch bis 1809 schwedischer Reichsteil war, so liegen die heutigen Staatsgrenzen, die jetzt weitgehend auch als Nationalgrenzen zu verstehen sind, doch erst seit knapp dreihundert Jahren fest und sind auf weiten Strecken ursprünglich nicht ethnographisch, sondern machtpolitisch bedingt. Das mittelalterliche Norwegen reichte mit einer schmalen Zunge von Bohuslän bis an die Mündung des Götaälv, das mittelalterliche Dänemark beherrschte den durch Landwirtschaft und Fischfang reichen südlichsten Teil der skandinavischen Halbinsel, also Schonen und Blekinge mit dem uralten Kultur- und Verwaltungsmittelpunkt Lund, und stieß im Westen mit der Landschaft Halland ebenfalls bis nahe an den Götaälv vor, so daß Schweden mit dem Hafenort Lödöse (Nya Lödöse, nahe dem Platz des heutigen Göteborg) nur einen sehr schmalen Ausgang zur Nordsee besaß. – Einer der wichtigsten Faktoren der nordeuropäischen Geschichte war es also, daß Dänemark als Anlieger von beiden Seiten den *Öresund*, den Korridor von und zur Ostsee, beherrschte. Damit zugleich befand sich aber auch das reichste und wertvollste Fischfanggebiet des Nordens in seinen Händen, die schonischen Heringsfischereien mit den alljährlichen „Schonischen Messen"; die Ausfuhr des Herings nach ganz Europa lag seit langem in den Händen des hier vorzüglich privilegierten hansischen Kaufmanns. Es werden damit die Brennpunkte des politischen Geschehens im Norden deutlich (wobei für unseren Zweck vom finnisch-baltisch-russischen Grenzsaum abzusehen ist): sie liegen in jener Dreiländerecke an der Götamündung und in Schonen. Insbesondere dieser zweite ständige innerskandinavische Kampfplatz berührte natürlich Handel und Schiffahrt der Hansestädte und damit ihre Existenz überhaupt an einem ganz besonders empfindlichen Nerv. So war auch die oben erwähnte hansisch-schwedische Krise der 1340er Jahre dadurch ausgelöst worden[19], daß vorübergehend Schonen Besitz der schwedischen Krone geworden war und daß diese, der gleichzeitig auch noch Norwegen in dynastischer Union verbunden war, ungewohnt scharfe und privilegienwidrige fiskalische Maßnahmen gegenüber dem deutschen Kaufmann anzuwenden unternahm – nicht, selbstverständlich, um eine nationale Position gegenüber

---

[19] Vgl. dazu *K. Kumlien*, Königtum, Städte und Hanse in Schweden um die Mitte des 14. Jahrhunderts (in: Städtewesen u. Bürgertum als geschichtl. Kräfte, Gedächtnisschrift f. F. Rörig, 1953).

einer deutschen Aggression zu wahren, sondern um aus den Gewinnen des kaufmännischen Bürgertums die überspannte dynastische Ausweitung finanzieren und sichern zu können.

Wir haben damit einen der immer wiederkehrenden doppelten Anlässe zu hansisch-nordischen Spannungen kennengelernt: die Auswirkung dynastischer Ansprüche und Herrschaftstendenzen, also der Machtkämpfe des nordischen Hochadels und der nordischen Dynastien, und das gekoppelt mit dem Zugriff an dem für die Seestädte besonders neuralgischen Punkt des Öresunds mit der südwestschonischen Halbinsel. Ein zweiter solcher neuralgischer Punkt, an dem die dynastischen Auseinandersetzungen die führenden wendischen Hansestädte ganz unmittelbar trafen, war bekanntermaßen die Grafschaft Holstein, seit der zweiten Hälfte des 14. Jahrhunderts in immer enger werdendem Zusammenhang auch mit dem dänischen Lehen Schleswig stehend. Durch Holstein führte die Hauptschlagader des hansestädtischen Transithandels überhaupt, die Straße Lübeck–Hamburg. Waren schon die kriegerischen und dauernd untereinander zerstrittenen holsteinischen Grafen aus den verschiedenen Linien des schauenburgischen Hauses höchst unbequeme und zuweilen lebensgefährliche Nachbarn für die Städte, so wuchs die Bedrohung noch, wenn der gleiche Dänenkönig, der den Sund und Schonen beherrschte, auch Holstein in die Hand bekam. Daß die Autonomie und Bewegungsfreiheit Lübecks sowohl wie Hamburgs bei dieser Lage auf das empfindlichste beschränkt und gefährdet war, hat sich im Mittelalter mehrfach (so unter Waldemar II., Erich Menved, Christian I.) und auch in der Neuzeit noch wiederholt gezeigt, zuletzt noch in der Mitte des 19. Jahrhunderts[20].

In diesem Zusammenhang erweist sich nun schon ganz deutlich, wie sich die beiden Macht- und Interessensphären, von denen hier die Rede ist, die skandinavische und die norddeutsche, keineswegs etwa getrennt oder klar voneinander geschieden gegenüberstehen, sondern sich vielmehr weitgehend und auf die vielfältigste Weise überschneiden. Denn hier taucht ja neben dem nordischen Königtum, mit seinen wechselnden dynastischen Interessen und Gegensätzen, und neben den Hansestädten ein uns schon bekannter weiterer Faktor des politischen Geschehens wieder auf: das norddeutsche Territorialfürstentum – hier als Freund, dort als Feind der Hanse oder einzelner Städte, hier als Gegner, dort als Verbündeter der nordischen Dynastien. Die möglichen und auch tatsächlich verwirklichten Kombinationen zwischen den nordischen Mächten, dem runden Dutzend kleiner und größerer fürstlicher

---

[20] *A. v. Brandt,* Lübeck, Dänemark u. Schleswig-Holstein 1848–1850 (in: Beitrr. z. Deutschen u. Nordischen Geschichte, Festschr. f. O. Scheel, 1952).

Dynastien und Territorien Norddeutschlands, den Hansestädten oder einzelnen Gruppen unter ihnen sind von fast unbeschränkter Vielfalt. Es sei hier nur ein Beispiel herangezogen, besonders charakteristisch, folgenreich und wichtig auch deswegen, weil gerade dieses den Anlaß zu den Behauptungen von einer quasi-„gesamtdeutschen" Aggression auf den Norden gegeben hat. Es handelt sich um den zweiten Krieg gegen Waldemar Atterdag in den Jahren 1367–1370, den Krieg der „Kölner Konföderation", die entscheidende Zäsur in der Geschichte der hansisch-nordischen Beziehungen im 14. Jahrhundert[21]. Von den Städten war damals, wie schon oben erwähnt, eine Gruppe wendischer, niederländischer und preußischer Seestädte in der Konföderation gegen Waldemar vereinigt. Ihr Hauptverbündeter war der soeben auf den schwedischen Thron gelangte jüngere Albrecht von Mecklenburg sowie dessen Stammland selbst unter seinem weit bedeutenderen Vater gleichen Namens. Auf der städtisch-mecklenburgisch-schwedischen Seite standen aber ferner die Grafen Heinrich II. und Klaus von Holstein sowie ein erheblicher Teil der in Jütland ansässigen dänischen Aristokratie. Demgegenüber gehörten zu Waldemars Partei der Plöner Vetter der beiden Holsteiner, Adolf VII., der askanische Herzog Erich von Sachsen(-Lauenburg) und der welfische Herzog Magnus von Braunschweig-Lüneburg – alle drei freilich durch den überlegenen Druck ihrer Nachbarn zu einer widerwilligen Passivität gezwungen. Auf der östlichen Flanke schließlich griffen die Pommernherzöge auf Waldemars Seite in den Krieg gegen Mecklenburg ein und wurden erst durch eine blutige Niederlage zum Frieden und alsbaldigen Parteiwechsel bewogen. Ein weiteres Dutzend norddeutscher fürstlicher Verbündeter Waldemars kam wegen der überraschend schnellen siegreichen Beendigung der hansestädtisch-mecklenburgischen Operationen nicht mehr zum Zuge. Auf Waldemars Seite stand ferner im Norden selbst sein Schwiegersohn, der junge König Håkon von Norwegen, der übrigens noch fünf Jahre vorher der früheren Kriegskoalition *gegen* Waldemar angehört hatte.

[21] Zum Folgenden vgl. *Daenell*, Blütezeit; *Daenell*, Kölner Konföderation (oben, Anm. 5) sowie von der älteren Literatur u. a. *C. G. Styffe*, Bidrag till Skandinaviens historia ur utländska arkiver I (Stockh. 1859); *D. Schäfer*, Die Hansestädte u. König Waldemar (1879); *K. G. Grandinson*, Studier i hanseatisk-svensk historia I (Stockh. 1884); *P. Girgensohn*, Die skandinavische Politik der Hansa (Uppsala 1898); *W. Stein*, Beiträge z. Geschichte d. deutschen Hanse b. z. Mitte d. 15. Jahrhunderts (1900); schließlich auch *C. B. F. Reinhardt*, Valdemar Atterdag og hans Kongegjerning (Kopenh. 1880) und *Kr. Erslev*, Dronning Margarethe og Kalmarunionens Grundlaeggelse (Kopenh. 1882). Das meiste ist recht veraltet. *(Korrekturzusatz:* Die soeben erschienene, grundlegende Untersuchung von *S. Tägil*, Valdemar Atterdag och Europa, Lund 1962, konnte leider nicht mehr benutzt werden.)

Man braucht den sehr komplizierten tieferen Gründen für die beiderseitigen Bündniskonstellationen gar nicht näher nachzugehen, um doch zu erkennen: hier handelt es sich jedenfalls weder bewußt noch unbewußt um echte nationale Frontstellungen, nicht um deutsche Aggression oder antiskandinavische Politik der Hansestädte noch um eine antideutsche Defensive des Nordens; sondern es handelt sich um eine Verzahnung dynastischer, ständischer und wirtschaftlicher Interessen, die sich nur scheinbar und teilweise mit nationalpolitischen Motiven deckten. Folgenreich war es freilich, daß die Hansestädte, denen es um die Wahrung ihrer handels-, zoll- und völkerrechtlichen Freiheiten ging, aus natürlichen Gründen Partei und Koalition nehmen mußten, wo sie sie fanden – übrigens widerwillig genug, wie man mit Recht betont hat[22] –, und daß ihr Vorteil in diesem Fall nur auf der Seite des stärksten Waldemargegners, also der mecklenburgischen Albrechte, liegen konnte. Da nun Albrechts Königtum eine innerschwedische Opposition namentlich dadurch hervorgerufen hatte, daß der Herrscher zahlreiche mecklenburgische Adlige als Lehensträger, Vögte und engste Berater ins Land gezogen hatte, so gewann diese überwiegend von der schwedischen Aristokratie getragene Opposition[23] einen nicht nur antimecklenburgischen, sondern auch antideutschen Charakter[24]; übrigens ohne daß, soweit zu erkennen ist, diese Tendenz sich damals auch gegen das deutsche Bürgertum der Hansestädte oder der schwedischen Städte richtete. Aber für die nachfolgenden Generationen und für die Historiographie des 16. bis 19. Jahrhunderts ergab sich damit die Vorstellung von einer deutschen Invasion und Überfremdung des gesamten Nordens, wobei Hansestädte und norddeutscher Adel Seite an Seite das Ziel, wenn nicht der Eroberung, so doch der Ausplünderung der nordischen Länder verfolgt hätten. Die Folgen aus solcher Mißdeutung einer nur sechs Jahre umfassenden Zweckkoalition sind historiographisch noch heute spürbar. Indem eine das ganze 14. Jahrhundert überdeckende Tendenz frei konstruiert[25] und ein Zerrbild von der tatsächlichen ökonomischen und politischen Entwicklung auch der einzelnen nordischen Länder entworfen wird, kann es dann zu einem derart extremen Fehlurteil kommen, wie es

[22] *Daenell*, Kölner Konföderation, S. 7.
[23] *E. Lönnroth*, Medeltidskrönikornas värld (Göteborgs Högskolas Årsskr. 47/18, 1941), S. 12.
[24] *Lönnroth* a. a. O., S. 11: Gewalt und Unrecht wird geübt „aff Tyskom mannom".
[25] So heißt es bei *Koth*, Drottning Margareta (vgl. Anm. 12) bei Behandlung der 1340er Jahre (!) und ohne jede zeitliche oder kausale Abgrenzung schlechthin: „Hinter den Hansestädten (!) stand der herrschsüchtige Herzog Albrecht II. von Mecklenburg..."

ein sonst durchaus ernst zu nehmender französischer Historiker in einer weitverbreiteten Darstellung fällt: «L'intrusion allemande ... a bouleversé le Danemark et la Suède, presque entièrement ruiné l'existence nationale de la Norvège[26].»

Die Skizze der Kriegskoalitionen von 1367/70 hat übrigens noch ein Weiteres gezeigt. Erscheinen Städte, Fürstentum und Königtum um die Ostsee hier bereits ganz deutlich als Faktoren einer, echt mittelalterlich, im wesentlichen durch ständische, nicht durch staatliche oder nationale Motive bestimmten Entwicklung, so wird dieser Eindruck noch verstärkt, wenn man daran erinnert, daß auch die nordischen Reiche selbst unterhalb und neben den herrschenden Dynastien noch einen zahlreichen Hochadel kannten; einen Hochadel, der durch seine ständischen Vertretungen, die „Reichsräte", erheblichen und manchmal ausschlaggebenden Einfluß auf Verwaltung und Politik ausübte, aber nicht nur derart körperschaftlich, sondern auch durch Einzelglieder oder Parteigruppen ein mitwirkender Faktor des Geschehens war. Einzelne Große dieses weitgehend über die Grenzen hinweg versippten, nicht eigentlich dänischen, schwedischen, norwegischen, sondern, wie man gesagt hat, „internordischen" Adels[27], bauten sich zeitweise ganze Sonderterritorien ephemerer Natur auf – so an der Götaälv-Mündung, in Finnland, auf Gotland und anderswo. Naturgemäß und notwendigerweise mußten sie dann jeweils die gleiche, oft fiskalisch bedingte Schaukelpolitik zwischen Hansestädten, deutschen und nordischen Fürsten betreiben, wie ihre nominellen königlichen Landesherren selbst. Im ersten Drittel des 14. Jahrhunderts ist etwa der Däne Knut Porse, in der zweiten Hälfte des Jahrhunderts der Schwede Bo Jonsson (Grip) als Beispiel solchen nordischen Magnatentums zu nennen[28], im 15. Jahrhundert die ursprünglich dänische Familie der „Axelssöhne" (Thott).

Bei der angedeuteten Sachlage versteht es sich von selbst, daß dieser nordische Hochadel – dessen dänischem Zweig es übrigens auch an ursprünglich deutschen Einschüssen nicht fehlte, wie den Putbus, Poggwisch usw. – einen ebenso anationalen, allein vom ständischen Interesse beherrschten Faktor im politischen Machtkampf darstellte, wie Königtum, dynastisches Fürstentum und bürgerliches Städtewesen rund um die Ostsee; so stand ja im Waldemars-

---

[26] *L. Musset*, Les peuples scandinaves au Moyen Age (Paris 1951), S. 257.
[27] Vgl. dazu u. a. *Kr. Erslev*, Slaegtskabsforbindelser mellem Dansk og Svensk Adel i tiden før Kalmarunionen (in: K. Erslev, Hist. Avh. I, 1937).
[28] *St. Engström*, Bo Jonsson, I (Uppsala 1935).

krieg sowohl die dänische wie die schwedische Aristokratie teilweise in kriegerischer Opposition gegen ihren jeweiligen königlichen Landesherrn[29].

Fassen wir zusammen, was dieser flüchtige Überblick über die politischen Gegebenheiten des Nordens gelehrt hat und was daraus für die weitere Entwicklung zu folgern ist: Das nordische Königtum, gewiß immer der stärkste Repräsentant der werdenden Staatsidee, ist seinem Wesen nach ebenso überwiegend von rein dynastischen, nicht von nationalen Tendenzen bestimmt, wie jedes andere Herrscherhaus der spätmittelalterlichen Jahrhunderte. Das gilt auch von seinem bedeutendsten Vertreter, von der großen Margareta, der Nachfolgerin Waldemars und Schöpferin der Union. Ihr politisches Ziel war unzweifelhaft und unbestritten eine dynastische, nicht etwa eine „nationale" Einheit des Nordens. Ihre Hauptgegner mußten daher sein und waren auch in der Tat einerseits der nordische Hochadel, andererseits das kontinentale Dynastentum, das ihr diese Ziele am ehesten streitig machen konnte[30] – dieses damals in erster Linie verkörpert durch die mecklenburgischen Albrechte, die ihre Ansprüche auf die nordischen Kronen ihrerseits selbstverständlich nicht als Deutsche und Mecklenburger erhoben, also etwa im Sinne einer nationalen Expansion, sondern als legitime Prätendenten im Rahmen des geltenden gemeineuropäischen Fürstenerbrechts.

Tatsächlich bildet ja nämlich dieses ganze Fürstenwesen nördlich und südlich der Ostsee, das die Machtpolitik der Zeit trägt und auch die bürgerliche Wirtschaftsmacht der Städte dauernd in sie hineinverstrickt, ja ihre Stellungnahme für und wider geradezu erpreßt – es bildet diese ganze ständische Schicht eine große, dichtversippte Einheit deutsch-nordisch-slawischer Herkunft. Von den drei dänischen und Unionskönigen des 15. Jahrhunderts, die auf Margareta folgten, war der erste ein Pommer, der zweite ein Bayer, der dritte ein Oldenburger; alle drei aber waren, was diese dynastischen Herkunftsbezeichnungen nicht ohne weiteres erkennen lassen, eng miteinander verwandt und zu einer fürstlichen Großsippe gehörig. Am Beispiel Erichs von Pommern (Unionskönig 1412–1439) läßt sich diese baltische Spielart dynastischer Internationalität gut zeigen: von seinen acht Urgroßeltern gehörten drei zu den verdeutschten westslawischen Dynastien der Obotriten, Greifen und Piasten, zwei stammen aus dem dänischen Königshaus, zwei aus nordwestdeutschen Dynastengeschlechtern, einer aus dem schwedischen Königshaus der Folkun-

---

[29] Daß ähnliches auch noch für die Zusammensetzung der Parteien in der Schlacht am Brunkeberg (1471) gilt, betont *E. Lönnroth*, entgegen älteren nationalgeschichtlichen Auffassungen: Slaget på Brunkeberg och dess förhistoria (Scandia 11, 1938).
[30] So zutreffend auch *Lönnroth*, Sverige och Kalmarunionen, S. 16 f.

ger; der deutsche König Sigismund war sein Vetter[31]. Ähnliches gilt auch schon für die große Margareta: unter ihren acht Urgroßeltern finden sich zwei Angehörige des dänischen Königshauses, drei Askanier (brandenburgische und sächsische), ein pommerscher Greif, ein holsteinischer Schauenburger und eine Angehörige des holsteinischen Kleinadels. Sie hatte also zwei nordische, fünf deutsche und einen wendischen Vorfahren in der vierten Generation (demgegenüber ihr Gegenspieler Albrecht von Mecklenburg: zwei nordische, drei deutsche, drei wendische Vorfahren der gleichen Generation).

Die *dynastische Schicht*, die über den skandinavisch-norddeutschen Ostseeraum gelagert war, ist also ein untrennbares Ganzes. Sie entspricht damit auf dem machtpolitischen Feld durchaus jener wirtschaftlich-sozialen Einheit, die durch den ständischen Gegenspieler dieses Hochadels, durch das *Bürgertum* der Ostseestädte repräsentiert wurde. Wie eng die Bürgerschaft der norddeutschen, livländischen, finnländischen, schwedischen (und teilweise auch der dänischen) Städte in ihren oberen und mittleren Schichten zusammenhing, wurde schon am Eingang dieser Betrachtung angedeutet. Als dritter internationaler Faktor wäre in das Bild schließlich noch die *Kirche* einzufügen, deren höchste Repräsentanten hier wie anderswo das politische Spiel ebenfalls maßgeblich mitbeeinflußten. Während zwar die Bischofssitze in der Regel einerseits vom deutschen Adel oder Bürgertum, andererseits von dem internordischen Adel besetzt wurden, dessen Tendenzen wir bereits kennengelernt haben, so saßen doch auf den übrigen hohen Prälaturen der nordischen Domkapitel gar nicht selten auch norddeutsche Adlige und vor allem hansestädtische Bürgersöhne. Gerade sie wurden von der römischen Kurie gern als Vertreter ihrer Interessen im Norden herangezogen, wie sich die Kurie darüber hinaus auch mit Vorliebe hansestädtischer Finanziers zur Einziehung der Abgaben aus den nordischen Kirchenprovinzen bediente. So konnte etwa ein Stockholmer deutscher Bürgersohn[32] Domherr in Åbo, Ösel, Kammin, Münster und Lübeck zugleich sein, nebenher den Titel eines Propstes von Kolberg tragen, zeitweise Auditor an der Rota Romana sein und schließlich als Bischof von Lübeck enden. Oder der Lübecker Bürgersohn Hinrik Bischop[33] konnte eine ähnliche Fülle von Domherrenpfründen auf sich vereinigen, zeitweise Administrator des Erzbistums Lund und anderer Bistümer

---

[31] Über Lübecks Befürchtungen wegen dieser Verwandtschaft zwischen dem eigenen (nominellen) Stadtherrn und dem Unionskönig vgl. *V. Niitema*, Der Kaiser und die Nordische Union bis zu den Burgunderkriegen (Helsinki 1960), S. 182.

[32] *A. Friederici*, Das Lübecker Domkapitel im Mittelalter, 1160–1400 (Diss. Kiel 1957, Masch.schr., 2 Bde.) II Nr. 120. Es handelt sich um Joh. Hundebeke († 1420).

[33] A. a. O., Nr. 23.

nördlich und südlich der Ostsee sein, zwischen 1360 und 1370 (also zur Zeit der großen Kriege der Hansestädte mit Waldemar) aber päpstlicher Nuntius für ganz Skandinavien sein. Ein Rostocker Bürgersohn [34] war Kaplan König Waldemars, während seine Heimatstadt zu den Kriegsgegnern des Königs gehörte. Andererseits war der dänische Adlige und politische Vertraute Erich Menveds, Wilhelm Kraak [35], später Domherr und schließlich jahrelang Dekan des Lübecker Domkapitels. Diese wenigen Beispiele aus dem 14. Jahrhundert, die sich vermehren ließen, zeigen, daß auch in dieser Hinsicht dem norddeutsch-nordischen Verhältnis im Mittelalter mit nationalen Kategorien schlechterdings nicht beizukommen ist.

Wir haben es im Spätmittelalter vielmehr mit einem relativ einheitlichen Großraum rings um die Ostsee zu tun (dessen diplomatische und Verkehrssprache ja übrigens neben dem Lateinischen das Niederdeutsche war, dessen sich alle Beteiligten mit bezeichnender Unbefangenheit bedienten), den man überhaupt als Ganzes, nicht als Zweifrontengebilde sehen muß, wenn man die Vorgänge in ihm und auch den Anteil der Hansestädte an ihm verstehen will. Man kann so weit gehen, zu sagen: einer wendischen Hansestadt, wie Lübeck, stand die politische Vormacht des Nordens, das dänische Königtum, im Guten wie im Bösen wesentlich näher, war ihr geradezu viel vertrauter, als die Instanz des deutschen Kaiser- oder Königtums, daß doch den formellen Stadtherrn repräsentierte. In zahlreichen Unwägbarkeiten und Kleinigkeiten des Alltagsverkehrs, der diplomatischen Sprache, der Kurialien und Formalien kommt dieses Verhältnis zum Ausdruck. Das entspricht der tatsächlichen Lage, und das entspricht den Interessen, die für den Norden wie für die Hansestädte maßgebend sind. Erst in der zweiten Hälfte des 15. Jahrhunderts, ganz am Ausgang des Mittelalters, werden die nationalen Ressentiments auf beiden Seiten deutlicher.

*

Im letzten Abschnitt unserer Betrachtung sollen die nunmehr gewonnenen Erkenntnisse angewandt werden, um die Frage zu beantworten: wie verhält sich die Hanse – richtiger: wie verhalten sich die überhaupt interessierten Hansestädte – zu dem folgenreichsten Vorgang der spätmittelalterlichen Ge-

---

[34] Herm. de Rostoke († vor 1398), vermutlich Sohn eines Rostocker Ratmannes; a. a. O. Nr. 239

[35] Dr. jur., Prokurator Erich Menveds, 1319 Domherr in Lübeck, 1320 auch in Lund, seit 1327 Dekan im Lübecker Kapitel; a. a. O. Nr. 74.

schichte des Nordens, zu der Union der drei Reiche unter dänischer Führung seit Kalmar 1397?

Auf die komplizierte Entwicklung, die zu den (auch ihrerseits viel umstrittenen) Kalmarer Beschlüssen führte, kann hier nicht eingegangen werden. Nur soviel sei festgehalten[36]: Nach 1370 hatte sich die hansestädtisch-mecklenburgische Koalition sogleich aufgelöst und übte auf die folgenden Ereignisse also keinerlei Einfluß mehr aus. Die Hansestädte hatten ihr Kriegsziel, Sicherung ihrer Privilegien, Sicherung der Schiffahrt, Rechtsschutz ihrer Bürger und deren Geschäfte im Norden, erreicht, und zwar unter sehr weitgehenden Pfandgarantien von seiten Dänemarks. Es fehlte ihnen daher jegliches Interesse daran, den unruhigen Nachbarn Albrecht, dessen schwedisches Königtum durch die zunehmende Opposition der mächtigen schwedischen Aristokratie und die dänisch-norwegische dynastische Koalition gefährdet war, in seiner prekären Lage zu unterstützen. Als nach dem Tode Waldemars IV. (1375) seine Tochter Margareta, vermählt mit dem wenig bedeutenden Norweger Håkon VI. († 1380), mehr und mehr als die beherrschende Figur im nordischen Kräftespiel hervortrat, sahen die Städte das nicht einmal ungern. Der lübeckische Zeitgenosse und Chronist *Herman Korner*, der die spätere Entwicklung der Union unter Erich von Pommern als sehr schädlich für die Städte ansah, ging so weit, daß er den Städten – mit einem deutlichen Unterton von Kritik – maßgeblichen Einfluß bei der Entstehung der Union zuschrieb: „(Margareta) facta est trium regnorum regina de consilio pariter et auxilio civitatum stagnalium et presertim urbis Lubicensis, cuius burgimagister Henricus Westhof dictus in magna parte hoc practicavit. Ex hac quidem regnorum unione protunc bona estimata innumera postea secuta sunt civitatibus predictis et mercatoribus incommoda[37]." Wenn Korner den aktiven Anteil der Städte an der Entstehungsgeschichte der Union auch maßlos überbewertet, so hat er die politische Tendenz doch zweifellos richtig erkannt. Sie ist schon vor sechs Jahrzehnten von einem deutschen Hanseforscher zutreffend in folgenden Sätzen zusammengefaßt worden: „Wenn es eine politische Kombination gab, die der Hanse vor jeder anderen gefährlich erschien, so war es die dauernde

---

[36] Zum Folgenden vgl. die oben, Anm. 21, angegebene Literatur sowie: *Lönnroth*, Sverige och Kalmarunionen, *Kr. Erslev*, Erik af Pommern, hans Kamp for Sønderjylland og Kalmaruniones Opløsning (Kopenh. 1901), *A. E. Christensen*, Erik af Pommerns danske kongemagt (Scandia 21, 1951/52), *William Christensen*, Unionskongerne og Hansestaederne, *G. v. d. Ropp*, Zur Deutsch-Skandinavischen Geschichte des 15. Jahrhunderts (1876).

[37] *J. Schwalm* (Hrsg.), Die Chronica Novella des Hermann Korner (1895), S. 299 (II § 899).

Vereinigung eines niederdeutschen Territoriums mit einem oder mehreren der nordischen Reiche, keineswegs in demselben Maße der Zusammenschluß von zwei oder allen nordischen Reichen untereinander. ... Die Verschärfung der ständigen Gegensätze im Reiche erfüllte auch die Hansestädte mit immer tieferem Mißtrauen gegen die Tendenzen der fürstlichen Politik[38]."

Als der Mecklenburger Albrecht 1389 bei Falköping den Kampf um sein schwedisches Königtum und um das Erbe der beiden anderen nordischen Reiche verloren hatte und selbst in dänische Gefangenschaft geraten war, konnte daher von einer hansischen, insbesondere lübeckischen Unterstützung seines schwedischen Abenteuers schon lange nicht mehr die Rede sein. Die Städte betätigten sich seit den 1370er Jahren im wohlverstandenen eigenen Interesse nur noch als ehrliche Makler zwischen den beiden Parteien, mit einer unverkennbaren Neigung zu Margaretas Seite, da die Königin allein Ruhe und Sicherheit im Norden und besonders auf der See verbürgen konnte. Namentlich zum Schutz des Seefriedens, der durch Albrechts wilde Parteigänger, die Kaperbanden der Vitalier, beunruhigt und gefährdet war, bewährte sich die Zusammenarbeit der von Lübeck geführten Städte mit Margareta[39]. Die lübeckische Politik, unter der Leitung so besonnener Staatsmänner wie der Bürgermeister Jacob und Jordan Pleskow und des oben erwähnten Hinrich Westhof, erreichte den Gipfel dieses für beide Seiten vorteilhaften engen Vertrauensverhältnisses, als sie Albrechts letzten wichtigeren Stützpunkt in Schweden, Stadt und Schloß Stockholm, unter hansische Treuhandverwaltung zu bringen vermochte (1395). Damit war der Weg dafür geebnet, daß Albrecht aus dem Spiel ausgeschieden wurde, Stockholm in Margaretas Hände gelangte (1398) und schließlich auch die beiden wendischen Schwesterstädte Lübecks, Wismar und Rostock, sich dem landesfürstlichen Druck entziehen, in die städtische Gemeinschaft zurückkehren und ihre Sühne mit Margareta vollziehen konnten. Auf die weiteren Einzelheiten dieser unruhigen Jahrzehnte, in die auch noch der Hochmeister des Deutschen Ordens durch die Eroberung Gotlands auf eigene Faust (1398) ein neues Element der Friedensgefährdung brachte, braucht hier nicht eingegangen zu werden. Unstrittig ist, daß im Sinne Lübecks und unter seiner Führung das hansische Verhältnis zur Union und zur Unionskönigin Margareta bis zu ihrem Tode

---

[38] *W. Stein*, Beitrr. z. Geschichte d. dt. Hanse, S. 73.
[39] Als die von den Rostockern und Wismarern ausgerüsteten Vitalier 1393 Bergen plünderten, wurden die beiden mecklenburgischen Städte, die derart von der hansischen Linie abgewichen waren, bis 1410 vom Genuß der hansischen Privilegien in Norwegen ausgeschlossen; *Bruns*, Bergenfahrer, S. XX.

(1412) nicht nur ungestört, sondern durchweg freundschaftlich gewesen ist [40]; die Aussage aller zeitgenössischen Quellen leidet darüber keinen Zweifel.

Anders freilich hat ein erheblicher Teil der nordischen Historiographie geurteilt. Von dem Schweden *C. T. Odhner* [41] und dem Dänen *C. F. Allen*, dessen bis heute noch einflußreiches großes Werk über die Geschichte der drei nordischen Reiche im Spätmittelalter im Jahre 1864 erschien [42], bis zu heutigen Forschern wie *E. Lönnroth* und *H. Koht* ist man nicht müde geworden, die Ansicht zu wiederholen, daß Union und Hanse in einem natürlichen Gegensatz gestanden hätten, ja daß die Union ausgesprochen als Kampfinstrument gegen die Hanse geschaffen worden sei. Der natürliche Gegensatz wird dabei durchweg deswegen als gegeben angesehen, weil die in der Union verkörperte Machtballung „natürlich" für die Städte schädlich gewesen sei [43] – sie seien dadurch „friedlich ausmanövriert worden" (*E. Lönnroth*) [44], sie hätten keinen Einfluß mehr auf die inneren Verhältnisse des Nordens ausüben können (*W. Christensen*) [45], sie hätten alles getan, um die Union zu sprengen, weil die Union der drei Reiche ein zu gefährlicher Gegner war (*G. Authén*) [46] usw. Auch deutsche Autoren der älteren Zeit stehen dieser Auffassung nicht ganz fern, so etwa der Kieler *H. Handelmann* [47], für den es ebenfalls feststeht, daß die Hanse durch die Bildung der Union „ihre entscheidende Stellung" verlor, wobei ihm doch auffällt, daß die Hanse gleichwohl die Union ohne Widerstand sich vollziehen ließ. Selbst noch bei *Dietrich Schäfer* und *Walter Stein*, den quellenkundigen Klassikern der neueren Hansegeschichtsschreibung, fehlt es nicht ganz an verwandten Tönen, wenn etwa Stein mit einem gewissen Bedauern feststellt, daß die Städte die von ihnen zeitweise besetzten Sundschlösser nicht als Basis einer weitergreifenden Eroberungs- oder Vergeltungspolitik (!) benutzen [48], oder wenn es in Schäfers weitverbreiteter volkstümlicher Hansegeschichte über Margareta heißt: „Sie hat es verstanden, die Macht der Hanse in Schranken zu halten, offenen Konflikt mit ihr zu vermeiden, doch aber ihren Einfluß im Norden zurückzudrängen [49]", ohne daß auch nur im geringsten erläutert wird, was es denn mit dieser „Macht"

---

[40] So mit Recht auch *W. Stein* a. a. O., S. 97.
[41] Bidrag till svenska städernas och borgarståndets historia (Uppsala 1860).
[42] De tre nordiske Rigers Historie .. 1497–1536, I, 1864.
[43] *William Christensen* a. a. O., S. 12.
[44] Sverige och Kalmarunionen, S. 103.
[45] A. a. O., S. 13.
[46] *G. Authén Blom*, S. 37 (Referat der herrschenden Meinung).
[47] Die letzten Zeiten hansischer Übermacht im skandinavischen Norden (1853), S. 5.
[48] A. a. O., S. 74.
[49] Die Hanse (1. Aufl. 1903), S. 72.

und dem „Einfluß" der Hanse eigentlich auf sich hat oder worum der offenbar nur eben vermiedene Konflikt hätte gehen sollen.

Charakteristisch für alle diese Stimmen ist ja die machtpolitische (und zugleich nationalpolitische) Auffassung, die aus ihnen spricht[50]. Man kann nicht anders, als in der Berührung der Hanse mit der nordischen Staatenwelt ein ständiges Kräftemessen zu sehen, einen Kampf um „Macht" an sich, wie er ja allerdings für das Zeitalter des Nationalismus und Imperialismus so naturgegeben erscheint. Man setzt als selbstverständlich voraus, daß die Hanse eine *politische Macht* sei, für welche die Vorherrschaft, wenn nicht sogar schlechthin die „Herrschaft auf dem Meer"[51] – also ein au fonds militärischer Begriff – und „Einfluß auf die inneren Verhältnisse des Nordens"[52] um ihrer selbst willen erstrebenswerte Ziele gewesen seien. Natürlich steht ihr daher als der andere Machtprätendent, und folglich als Feind, die Union gegenüber. So sieht man etwa in der Pfandbesetzung der Sundschlösser, die den Hansestädten im Stralsunder Frieden auf die Dauer von 15 Jahren zugesprochen worden war, einen derartigen machtpolitischen oder eigentlich militärpolitischen Erfolg der Hanse; und es kann demgemäß nur als „eine klare Niederlage der Hansestädte" (*H. Koht*)[53] gedeutet werden, daß sie diese Machtpfänder nicht in Händen behielten, sondern zum vertraglich vereinbarten Zeitpunkt (1385) an Margareta wieder auslieferten. Damit wird den Hansestädten quasi eine Bismarcksche Elsaß-Lothringen-Politik unterstellt, ihr tatsächliches Zweckdenken und die Zielsetzung, die für sie mit diesem Pfandbesitz verbunden waren, auf fast groteske Weise verkannt. Noch mehr: es wird übersehen, daß die politische Existenz und das politische Handeln der Hansestädte sich auf einer ganz anderen Ebene abspielte als das der werdenden territorialen Staatsgewalten des Nordens und Deutschlands. Das von kaufmännischen Gesichtspunkten bestimmte Denken der mittelalterlichen Städtepolitiker in der Hanse bleibt hier ebenso unverstanden wie die Tatsache, daß für sie nicht die nordischen Mächte, sondern die deutschen fürstlichen Nachbarn und ihre Koalitionen das eigentliche Objekt ständiger machtpolitischer Befürchtungen und Anstrengungen waren und sein mußten[54].

Es liegt nahe, hier noch einmal daran zu erinnern, daß die politischen Mißdeutungen der Hanse als naturgegebenen Gegners der nordischen Mächte und als Gliedes einer gesamt-norddeutschen Expansion in den Norden nicht ohne

[50] Das betont mit Recht auch *Kumlien* a. a. O., S. 39.
[51] *Lönnroth*, Sverige och Kalmarunionen, S. 51.
[52] *William Christensen* a. a. O.
[53] A. a. O., S. 58.
[54] *Kumlien* a. a. O., S. 334: „der alte Gegensatz zwischen Fürstentum und Kaufmann".

den Einfluß jeweils aktueller Zeitgeschehnisse und Zeitideen zu verstehen sind. Die Odhner, Allen, Handelmann standen direkt oder indirekt im Schatten der deutsch-dänischen Auseinandersetzungen der 1850er und 1860er Jahre mit ihren für Dänemark und den Skandinavismus so bitteren Folgen. Aus den Arbeiten Steins und Schäfers, aber auch des Dänen W. Christensen spricht die Weltmachtideologie der Jahrhundertwende. Die in der nordischen Öffentlichkeit heute wirkenden Historiker schrieben ihre Darstellungen unter dem Eindruck der pangermanistischen Tendenzen des NS-Reiches und der Vergewaltigung der nordischen Länder im zweiten Weltkrieg.

Gleichwohl bleibt es auffallend, wie wenig man sich davon hat stören lassen, daß die These von einer naturgegebenen Kampfsituation Union–Hanse – sie gilt nicht nur für die 1390er Jahre, sondern auch für die Krisenzeiten der 1430er und 1460er Jahre – sich so gar nicht mit dem Tatsachenbefund des wirklichen politischen und wirtschaftsgeschichtlichen Ablaufes vereinbaren läßt[55]. Denn es läßt sich in der deutschen wie in der nordischen Forschung selbstverständlich weder verkennen noch gar verschweigen, daß die Hansestädte, insbesondere die wendische Kerngruppe, in allen entscheidenden Epochen der Unionsgeschichte keineswegs im Sinne jener These handelten, sondern jeweils lediglich danach fragten, wo und bei wem ihre kommerziellen Interessen am besten aufgehoben waren. Das heißt: wo sie mit Innehaltung ihrer Privilegien, Sicherheit der Handelswege und Rechtsschutz für ihre Bürger am ehesten rechnen konnten. Sie führten gegen Erich von Pommern Krieg, nicht weil er Unionskönig war, sondern weil er ihre Privilegien nicht bestätigte und zu kürzen drohte, weil er einen Zoll im Sund zu erheben begann und weil er in seinem Kampf um Schleswig ihre politische Unterstützung erpressen wollte[56]. Die Städte haben gleichwohl dem schwedischen Aufstand des Engelbrekt gegen das Unionskönigtum nicht die erhoffte Unterstützung geliehen (1434/36), sondern sich damit begnügt, den durch Engelbrekt auf Erich von Pommern ausgeübten Druck dazu auszunutzen, um im Frieden von Wordingborg (1435) die für sie günstigsten handelspolitischen Bedingungen durchzusetzen[57]. Diese Haltung ist für die Städte

[55] *C. F. Allen* a. a. O., S. 88, zieht hieraus den einzig denkbaren Schluß: so brutal und rücksichtslos die hansische Politik auch war, so fehlte es ihr doch völlig an Weitblick; die Städte begriffen gar nicht, welche Gefahren ihnen aus der Gründung der Union erwuchsen.
[56] *E. Daenell*, Die Hansestädte u. d. Krieg um Schleswig (Zeitschr. d. Gesellsch. f. Schlesw.-Holst. Gesch. 32, 1903). Daß das Verhältnis der Städte und insbesondere Lübecks zu König Erich anfangs durchaus nicht unfreundlich war, betont mit Recht *G. v. d. Ropp* a. a. O., S. 7.
[57] *E. Lönnroth*, Sverige och Kalmarunionen, S. 146 ff. Ob Engelbrekts Aufstand seinerseits mehr durch den harten unionsköniglichen Fiskalismus und das dänische „Vögteregi-

sehr kennzeichnend: sie verfolgen kein politisches Prinzip und haben auch kein Interesse an einer bestimmten machtpolitischen Konstellation im Norden, sondern sie nutzen jede gegebene Konstellation jeweils nur im Hinblick auf Sicherung des Seefriedens und des Privilegienschutzes aus [58]. Sie versuchen daher auch nach 1435 zu vermitteln, Erich bleibt für sie der legitime Unionskönig; und als Erich 1438 durch einheimische Opposition vertrieben worden war und ein von Kaperei lebendes Dominium auf Gotland errichtet hatte, unterstützen sie nicht die Tendenzen auf Auflösung der Union und Schaffung eines selbständigen schwedischen Staatswesens, sondern den von der nordischen Aristokratie neugewählten Unionskönig Christoph, einen Schwestersohn Erichs. Die verwickelte Geschichte der Unionskämpfe in den folgenden Jahrzehnten zu verfolgen, ist hier nicht der Ort. Aber die zum mindesten inoffizielle, wirtschaftliche und besonders finanzielle Unterstützung, die die wendischen Städte schließlich dem bedeutendsten und langlebigsten Unionskönig des 15. Jahrhunderts, dem Oldenburger Christian I., bei seinen Versuchen zur Wiederherstellung der Unionsgewalt mit militärischen Mitteln gewährten, war derart deutlich, daß nach dem schwedischen Sieg am Brunkeberg 1471 sehr unerwartete und unerwünschte Folgen für die Hansestädte im Schweden Sten Stures eintraten [59].

Die Tatsachen sprechen also nicht für eine natürliche Hansefeindlichkeit der Union oder Unionsfeindlichkeit der Hanse. Im Grunde ist eher das

---

ment" verursacht wurde oder ob eine durch die hansische Blockade ausgelöste Wirtschaftskrise in seinem heimischen Bergbaudistrikt dafür maßgebend war, ist umstritten und für unsere Fragestellung direkt nicht von Belang. Festzuhalten ist jedoch, daß Engelbrekts Erhebung von hansischer Seite weder angeregt noch gestützt worden ist, wie man aus der etwas auffallenden Betonung schließen könnte, mit der Lönnroth auf Engelbrekts deutschstämmige Herkunft und auf Lübecks ökonomische Interessen in der Kernlandschaft des Aufstandes hinweist (Sverige och Kalmarunionen, S. 104). Tatsächlich war übrigens Engelbrekts Familie mindestens schon seit vier Generationen in Schweden ansässig (K. Kumlien, Med svenskarna och Engelbrekt, Stockh. 1935, S. 54 ff.) und sein Gegenspieler, der Unionskönig Erich, war jedenfalls wesentlich „direkterer" deutscher Herkunft als Engelbrekt, den übrigens der Lübecker Chronist Korner als eingeborenen schwedischen Adligen bezeichnet (Lönnroth a. a. O., S. 115).

[58] Kumlien, Sverige och Hanseaterna, S. 365 ff.

[59] Vgl. hierzu außer Kumlien (S. 376 ff.), Lönnroth (S. 325 ff.) und William Christensen (S. 429 ff.) auch Lönnroth, Slaget på Brunkeberg (Scandia 11, 1938) und ders. in Det nordiske syn . ., S. 115; S. Kraft, Slaget på Brunkeberg ur handelspolitisk synpunkt (Schw. Hist. Tidskr. 1940); W. Stein, Einleitung zu Hans. Urk. Buch IX, S. X. Zu der hiermit im Zusammenhang stehenden Aufhebung der Gesetzesvorschrift über den Anteil der Deutschen am Ratsregiment und über die bürgerlichen Gegensätze in Stockholm vgl. ferner N. Ahnlund, Stockholms historia före Gustav Vasa (Stockh. 1953), S. 345 ff. und C. C. Sjödén, Stockholms borgerskap under Sturetiden (Stockh. 1950), S. 48 ff., 62 ff., 68.

Gegenteil richtig. Die Union der drei nordischen Reiche mußte für die Städte jedenfalls das kleinere Übel sein, gemessen an einer dynastischen Dauerverbindung zwischen Niederdeutschland und dem Norden, aber auch gemessen an den neuen nationalstaatlichen und territorialstaatlichen Ideen des ausgehenden Mittelalters, die ja überall den ökonomischen Interessen der Städte Abbruch taten. Die hansestädtische Führung hat das klar gesehen. Sie hat sich auch nicht gescheut, ihre entsprechende politische Linie zuweilen gegen die Volksmeinung in den Städten durchzusetzen, der gewisse „nationale", zumal antidänische Affekte im 15. Jahrhundert allerdings nicht fremd waren, wie die oben angeführte Meinung des Chronisten Korner zeigt und wie sich das auch an mancherlei Vorkommnissen und chronikalischen Berichten aus den hansischen wie aus den nordischen Städten erweisen läßt. Aber man kann solche Stimmungen und Vorgänge emotionaler Natur – die z. B. in Bergen und auch in Stockholm während der 1390er und 1460er Jahre das Verhältnis zwischen deutschen Gästen und Bürgern und einheimischen Bürgern belasteten – nicht gleichsetzen mit der Politik oder auch nur den Wünschen der Hansestädte.

*

Hanse und Nordische Union sind im Grunde Zeitgenossen und Schicksalsgenossen. Sie empfanden sehr wohl, daß sie aufeinander angewiesen waren. Und zwar nicht nur, weil ihre ökonomischen Interessen unauflöslich miteinander verflochten waren, sondern auch weil sie beide echt mittelalterliche Gebilde waren, deren Zeit mit dem Ende der Epoche ablief. Wie das alte pränationale Königtum überall – in England, Dänemark, Norwegen, auch in der Union – oft genug und lange genug den hansischen Kaufmann stützte, um sich seiner gegen die einheimische ständische Opposition zu bedienen, so war auch die Politik der Hansestädte durchaus pränational in mehr als einem Sinne: es ging ihr nicht um die Wahrung deutscher, sondern um die Wahrung bürgerlich-kaufmännischer Interessen. Die Union, rein dynastische Konstruktion, und die Hanse, rein bürgerlicher Interessenverband, mußten beide schließlich den herrschenden Ideen der neuen Zeit erliegen: der nationalstaatlichen im Norden (und Westen) Europas, der territorialstaatlichen in Deutschland. Es ist kein Zufall, daß der Sturz der Union und der Sturz der Hanse sich in dem gleichen Jahrzehnt zwischen 1523 und 1536 vollendete. Der Beginn der Neuzeit bedeutet auch für das Verhältnis der Hansestädte zu den nordischen Mächten den Beginn einer neuen, unter vollkommen veränderten Bedingungen stehenden Periode.

Summary

In order to evaluate the relationship of the Hansa to the Nordic powers accurately, it must first be stated that the Hansa was not a firm federation but only a free community of interest. In the power politics of the North of Europe, therefore, it was not the Hanseatic League as such, but usually individual towns or groups of towns from this great community which appeared as active factors. Further, one should not forget that the interests of the Hansa towns were for the most part of a social and economic nature: they were not interested in national power politics. This is consistent with the fact that the most important political opponents of the Hansa towns were not the foreign powers of the North, but the North German dynastic princedoms, which represented the greatest threat to their constitutional and economic freedom. Political processes in the Hanseatic-North European district in the Middle Ages were therefore influenced less by national than by social and economic motives.

The case is similar in the Nordic kingdoms of the Middle Ages. Here also it is a question rather of power complexes mainly determined through social and economic interests, than of closed national units. The political and economic disputes of the Middle Ages in the Baltic Sea area have as yet no national character. The separate groups in fact take little notice of national borders; the social groups of the principality, the nobility and the citizens retain their connections over the whole Baltic area, quite independently of national borders. The groups or coalitions which are formed can thus be explained only in dynastic, social or economic terms, but cannot be interpreted in terms of national differences.

The relationship of the Hansa towns to the Union of the Nordic Kingdoms (from 1397) is to be understood in these terms: in fact, this is especially true of this relationship. Here we must contradict certain nationalistically coloured historical interpretations, and state that there was in fact no natural political opposition between the Hanseatic League and the Nordic

Union, in the sense of a struggle for national political power between German and Nordic. The Hansa towns did not think and act on a "German" basis, but rather as towns, i. e. economically. Therefore they could not be said to have been against the Union, and in fact did on occasions lend it active political support, as long as the rulers of the Union guaranteed their economic privileges in the Nordic countries and left them safe sea routes. For the Hansa towns the Nordic Union formed in no way a political opponent, but a welcome counterbalance against political pressure from neighbouring German principalities and against local interests and other Northern rulers. On the other hand the Hansa towns acted as valuable helpers, practically and financially, for the Union kings in their fight against the centrifugal forces and special social interests of the Nordic kingdoms. Thus both sides, the Hanseatic League and the Union, were to a certain extent dependent on each other. They were characteristic medieval phenomena, whose political behaviour cannot be evaluated by national criteria, and which finally became almost simultaneously the victims of the European national state system which arose in the course of the sixteenth century.

Résumé

Pour apprécier exactement les rapports de la Hanse avec les puissances nordiques, il faut d'abord reconnaître que la Hanse n'était pas une confédération fermement constituée, mais une libre communauté d'intérêts des villes du Nord de l'Allemagne. Ce n'est pas « la Hanse » en tant que telle, mais en général seulement des villes isolées ou des groupes de villes de cette grande communauté qui apparaissent comme facteurs actifs dans le jeu politique des forces de l'Europe nordique. Il faut de plus remarquer que les intérêts essentiels des villes hanséatiques étaient d'ordre social et économique; les aspects d'une politique de puissance nationale leur étaient étrangers. C'est ce qui explique que les adversaires politiques des villes hanséatiques ne furent pas en premier lieu les puissances non-allemandes du Nord, mais les principautés dynastiques de l'Allemagne Septentrionale, car celles-ci menaçaient plus que d'autres puissances la liberté d'action constitutionnelle et économique de la Hanse. L'histoire politique de l'Europe nordique et hanséatique n'est donc pas tant influencée par des motifs nationaux que par des mobiles sociaux et économiques.

Il en est de même pour les pays nordiques eux-même au moyen âge. En leur cas aussi, il ne s'agit pas d'unités nationales distinctes, mais d'ensembles exerçant une puissance et qui étaient surtout déterminés par les intérêts dynastiques et sociaux. Les différents politiques et économiques qui se règlent sur les bords de la Baltique au moyen âge n'ont encore aucun caractère national. Bien plus, les parties en présence se constituent le plus souvent sans égard des frontières nationales: les groupes sociaux des princes, de la haute noblesse et de la bourgeoisie citadine sont étroitement liés par classes tout autour de la Baltique. Il se constitue, de ce fait, constamment des constellations et des coalitions qui s'expliquent par des intérêts dynastiques, sociaux ou économiques, mais non par des contrastes nationaux.

C'est sous ce jour qu'il faut comprendre les rapports entre les villes hanséatiques et l'Union des Etats Nordiques ou Union de Calmar (depuis 1397). Contrairement à ce que disent certains exposés à tendance nationaliste, il faut constater qu'il n'y a pas eu, entre la Hanse et l'Union de Calmar, d'opposition politique naturelle, quelque chose comme une lutte de puissance dominée par une idéologie nationaliste. Ce que les villes hanséatiques pensaient et entreprenaient n'était pas de prime abord marqué du sceau « allemand » mais essentiellement destiné à leur profiter du point de vue économique. Elles ne voyaient donc pas du tout l'Union de Calmar d'un mauvais œil et elles l'ont assez souvent soutenue politiquement, pourvu que ses souverains leur garantissent leurs privilèges économiques dans les pays nordiques et la sécurité de leurs voies maritimes. L'Union de Calmar n'était pas un adversaire national pour les villes hanséatiques, mais un contre-poids bienvenu contrariant la pression politique des voisins princiers allemands aussi bien que les intérêts locaux et les souverains dans le Nord même. D'autre part, les villes hanséatiques étaient pour les rois de l'Union de précieux aides et bailleurs de fonds dans la lutte contre les forces centrifuges et les intérêts sociaux particuliers des pays nordiques. La Hanse et l'Union étaient donc dans une certaine mesure dépendantes l'une de l'autre. Elles étaient vraiment des manifestations du moyen âge et leur attitude politique ne peut être considérée du point de vue national; elles ont toutes deux succombé presque en même temps sous le poids du système né au XVIème siècle des états nationaux européens.

Diskussion

Professor Dr. jur. Ulrich Scheuner

Der These des Herrn Vortragenden würde ich zustimmen, daß die Heranbildung größerer dynastischer Gebiete im 14. Jahrhundert noch nicht jene Stufe politischer Geschlossenheit erreicht hatte, in der eine selbständige Politik einzelner politischer Zentren innerhalb dieser Territorien verhindert werden konnte. In der Geschichte des Völkerrechtes kennen wir den grundlegenden Kampf, den die Territorialherren um das ausschließliche Recht des jus belli und die Ausschaltung einer eigenen Politik ihrer Stände im späteren Mittelalter führen. Wenn im 16. Jahrhundert die Rechtslehre immer wieder betont, das Recht zur Kriegführung stehe nur dem Landesherrn selbst zu, so spiegelt sich darin das Ergebnis dieses Ringens wider. In der Tat ist es den Fürsten am Ausgang des Mittelalters – teilweise freilich erst später – gelungen, die Macht des hohen Adels und ebenso die der Städte zu brechen.

Der Vortragende hat die Privilegien erwähnt, die die nordischen Fürsten den Hansestädten zuwandten. Hieran darf die Frage geknüpft werden, wie er sich zu der These stellt, daß diese Vorrechte für die Entwicklung einer eigenen Wirtschaft in jenen Staaten nachteilig gewesen seien. Auch dies Problem dürfte man wohl nicht mit modernen nationalstaatlichen Maßstäben beurteilen. Es gab in jener Zeit noch keine Nationalstaaten im neuzeitlichen Sinne. Es handelte sich weithin darum, welche Schichten fähig waren, einem Lande die Verbindungen des Fernhandels zu verschaffen. Daß das im Mittelalter weitgehend nicht im Lande ansässige Schichten waren, das kennen wir auch aus der englischen Geschichte. Man kann aber auch auf das Mittelmeer, auf die Rolle von Venedig und Genua hinweisen. Zum mittelalterlichen Handel gehört eine andere Struktur, als sie sich später ausbildete. Er beruhte vielfach auf monopolistischer Beherrschung der Handelswege und der Handelsbeziehungen. Die späteren Vorstellungen einer Handelsfreiheit darf man auf das Mittelalter ebensowenig zurückprojizieren wie die der Meeresfreiheit. Was die letztere anlangt, so war das Mittelalter nicht an der heute im Vordergrund stehenden Freiheit des Seeraums von Herrschaftsansprüchen der Staaten, sondern in erster Linie an der „Freiheit des Handels in einem fremden Hafen" interessiert. Um diese Freiheit, im Ausland Handel zu treiben, Niederlassungen zu gründen, Waren zu kaufen und zu verkaufen, sie unter Umständen sogar auch zu verarbeiten, rangen die Handelskreise des Mittelalters.

Eine andere Frage, die ich kurz berühren darf, ist es, wieweit in jener Zeit Westeuropa bereits als Handelspartner im Norden eine Rolle zu spielen begann. Für das 14. Jahrhundert dürfte diese Rolle noch unbedeutend sein. Sie steigt aber im 15. Jahrhundert mit dem Aufkommen der niederländischen und später der englischen Schiffahrt rasch an. Ich darf es wohl als Ansicht des Vortragenden annehmen, daß er den Niedergang der hansischen Macht mit der Änderung der territorialen Zustände im ausgehenden Mittelalter zusammenhängen läßt. Die Hanse ist daran zerbrochen, daß im 16. Jahrhundert in Westeuropa, aber auch in Rußland und im Norden das Territorialfürstentum eine zunehmende Macht gewann und die Überlegenheit über die Städte erwarb.

Professor Dr. phil. Ahasver von Brandt

Kollege Scheuner hat auf eine Lücke hingewiesen. Ich habe diesen Vortrag „Die Hanse und die nordischen Mächte im Mittelalter" benannt und habe daher vom Thema her viel zuviel vom Politischen und zuwenig von den wirtschaftlichen und rechtlichen Vorgängen gesprochen. Sonst hätte ich drei Vorträge halten müssen. Deshalb ist unendlich vieles nicht gesagt worden, was gesagt hätte werden müssen, wenn man die Geschichte vollständig darstellt.

Ich werde nun versuchen, auf die angeschnittenen Punkte zu antworten. Die Frage, ob das nordische Städtewesen letzten Endes gehemmt oder durch die Hanse gefährdet worden sei und ob sich das deutsche Bürgertum und damit im Zusammenhang die Privilegien nachteilig oder vorteilhaft ausgewirkt haben, ist natürlich nicht mit ja oder nein zu beantworten. Das war örtlich und zeitlich verschieden. Es wäre für Norwegen eine andere Antwort zu geben als etwa für Schweden. Am einfachsten sind die Verhältnisse in Schweden. Wir können da ziemlich genau verfolgen, wie das deutsche

Bürgertum die schwedischen Städte überhaupt erst zu Städten in kontinentalem Rechtssinn und Wirtschaftssinn gemacht hat. Dieses Bürgertum ist aber dann – so kann man sagen – fast nahtlos eingeschmolzen in die Nation, und zwar derart, daß es in der zweiten Hälfte des 15. Jahrhunderts schon sehr schwierig war, diese berühmten 50 % der Ratssitze mit Deutschen zu besetzen. Das war hundert Jahre früher anders gewesen. Man kann sagen, daß das schwedische Städtewesen ungemein gewonnen hat. Darüber besteht auch Einigkeit. Anders ist es in Norwegen. Die Deutschen in Bergen nahmen ja nicht am städtischen Leben teil, sondern sie beherrschten es von außen her wie eine exterritoriale konsularische Niederlassung. Die norwegischen Handelsorte des 13. Jahrhunderts haben nicht ganz unbeträchtlich an einem Außenhandel teilgenommen, namentlich mit England, der freilich in sehr altertümlichen Formen vor sich ging und der nicht von einem Bürgertum getragen wurde, sondern vom Adel, der eine Gutsbesitzerschiffahrt betrieb, deren technischen Formen die gleichzeitigen hansischen überlegen waren. Die Folge ist, daß zwischen 1290 und 1310 – das läßt sich quellenmäßig genau nachweisen – diese norwegische Schiffahrt und damit der eigene Außenhandel zum Erliegen kam, und zwar selbstverständlich dadurch, daß die Hansen als die überlegenen Partner ihn verdrängt haben. Dazu kommt, daß im 14. Jahrhundert auch deutsche Handwerker in Massen nach Bergen einwanderten, namentlich die bekannten deutschen Schuster, die neben dem kaufmännischen Kontor auch wieder abgesperrt in einzelnen Straßen ihre Niederlassungen hatten und auch wieder „exterritoriale" Ansprüche stellten. Das alles heißt, daß das norwegische Städtewesen und die norwegische Wirtschaft im 15. Jahrhundert, als sie unter anderen Umständen vielleicht so weit gewesen wären, selbständig zu werden, nicht dazu gekommen sind. Es liegt zweifellos in dieser deutschen Übermacht ein Verzögerungselement vor.

Daraus ergibt sich auch schon die Beantwortung einer weiteren Frage, nämlich die der Privilegien. Sie hängen jeweils – so möchte ich sagen – vom Wachstumszustand ab. Ich will gar nicht auf die Vergleiche anspielen, die sich aufdrängen, im Vergleich zu den Ereignissen in den heutigen Entwicklungsländern. Das kann jeder für sich allein nachvollziehen. Jedenfalls ist es so, daß die Privilegien so lange gerechtfertigt waren, als die Hanse, wie ich ausgeführt habe, ein Leistungsmonopol besaß, das heißt wirtschaftliche Leistungen vollbrachte, die nach der Lage der Zeit und der Länder kein anderer hatte übernehmen können. Natürlich hängt nun die Hanse an diesen Privilegien. Es kommt der Augenblick – in einem Lande zu diesem, im anderen Lande zu jenem Zeitpunkt –, in dem sie im Grunde unberechtigt werden und man dennoch versucht, diesen Status zu halten. Sie haben schon auf England hingewiesen. In England stand das Königtum, das fiskalisch sehr stark daran interessiert war, daß der hansische Handel ungestört funktionierte, mit dem ausländischen Kaufmann noch lange im Bunde, während das eigene Bürgertum nun anfing, gegen diesen Stachel zu löcken. Da spielt dann – Sie haben auch darauf hingewiesen, ich habe es mit einer gewissen Absicht ganz weggelassen – die niederländische Konkurrenz eine Rolle. Es ist ganz richtig, daß die nordischen Dynasten im 15. Jahrhundert, sowohl Erich von Pommern wie Christian I. und Sten Sture, der schwedische Reichsverweser, diese vorhandene niederländische Konkurrenz ausgenutzt haben, um die Hansestädte zu Zugaben und zu Handlungen zu bewegen, zu denen man sie sonst nicht hätte bewegen können.

Sie sprachen auch von dem Problem der Meeresfreiheit und darüber, wie sehr und wie weit es schon im Mittelalter im heutigen Sinne verstanden wurde. Ich darf dazu auf meinen Aufsatz verweisen, der in der Gedächtnisschrift für Fritz Rörig unter dem Titel „Die Hansestädte und die Freiheit der Meere" erschienen ist. Es ist da aber doch noch etwas anderes. Wesentliche Bestandteile des heutigen Begriffes der Meeresfreiheit erscheinen schon im 14. und 15. Jahrhundert, nämlich vor allem die Fragen, was mit Konterbande geschieht, was mit neutralem Gut auf Feindschiffen und mit Feindgut auf neutralen Schiffen geschieht? Also es handelt sich um die Regeln, die ja im 13. und beginnenden 14. Jahrhundert im italienischen „Consolato del mar" bereits festgelegt sind und die die Hanse zunächst übernimmt. Man hat ganz robuste Rechtsgrundsätze: Feindgut macht Feindschiff – Feindschiff macht Feindgut. Aber nun ist es sehr interessant, daß die Hanse diesen ursprünglichen Standpunkt verläßt, ihn weiter entwickelt und zu Satzungen kommt, die sehr stark den im 19. Jahrhundert entwickelten komplizierteren Vorschriften über die Sicherung neutralen Gutes, über das Problem der sogenannten „fortgesetzten Reise" nahekommen, und sie werden in der Rechtsprechung der Hansestädte praktisch gelöst, wenn sie auch noch nicht zu absoluten Normen verdichtet werden.

Ich stimme auch darin mit Ihnen überein, daß die entscheidende Zäsur am Ende des Mittelalters liegt, im 16. Jahrhundert, als es mit der Lebensfähigkeit der Polis gegenüber dem Territorialstaat zu Ende ist.

Diskussion

Professor Dr. jur. Hermann Conrad

Herr Kollege von Brandt, Sie sitzen an einem Ende einer Linie, in Lübeck, wir am anderen Ende. Als *Hans Planitz* und ich in den dreißiger Jahren an der Erforschung der kölnischen Rechtsgeschichte arbeiteten, waren Sie mit Ihrem Lehrer *Fritz Rörig* mit Lübeck beschäftigt. Ich möchte damit sagen, wie wertvoll Ihre Untersuchungen auch für die Erforschung der Hanse im rheinisch-westfälischen Raum sind.

Doch glaube ich, daß Sie etwa zu stark auf das rein Faktische der Hanse abheben. Die Hanse als eine mittelalterliche Genossenschaft eigener Art hatte sicherlich keine feste Organisation, so daß man schwerlich von Mitgliedschaftsrechten und -pflichten sprechen kann. Das Ganze war fließend. Das Seitenstück dazu bildet die schweizerische Eidgenossenschaft. Auch dort traten die Orte zu einem losen Bunde zusammen, ohne daß sich allgemein bestimmte Rechte und Pflichten festlegen ließen. In diesem Zusammenhang tritt die Frage auf, wieweit die Hanse die Handels-Privilegien der alten Kaufleutegenossenschaften übernommen hat, die in Städten wie Bergen, Novgorod, Wisby usw. bestanden haben. Sie erwähnten, daß diese Privilegien von der Hanse bewahrt worden sind. Zweifellos ist dieser Übergang von den Kaufleutegenossenschaften zur Hanse ein eigenartiger Vorgang.

Man wird diese Erscheinungen nicht mit unseren modernen Rechtsbegriffen erfassen können. Aber mir scheint doch, daß man die Rechtsform der Hanse gegenüber dem nur Faktischen etwas stärker herausstellen muß. Es gab auch Hansetage und Hansebeschlüsse (Rezesse), deren Publikation auf den Hansischen Geschichtsverein zurückgeht, in dem Sie führend tätig sind.

Was die Beziehungen des rheinisch-westfälischen Bürgertums zu den Städten des Ostens im Mittelalter betrifft, so ließe sich hierzu noch vieles sagen, wenn man das Urkundenmaterial des Kölner Stadtarchivs einmal systematisch auswertet. Die in den dreißiger Jahren von *Hans Planitz* eingeleitete Bearbeitung der kölnischen Schreinsurkunden, jener vorbildlichen Grundbucheinrichtung der mittelalterlichen Stadt Köln, hat ergeben, daß die Schreinsbehörden, d. h. die mittelalterlichen Grundbuchbehörden der Stadt Köln, mit zahlreichen Städten des Ostens in Verbindung standen, um von dort rechtliche Erklärungen von Mitgliedern Kölner Familien zu erhalten, die nach dem Osten gewandert waren und nun zu Rechtsakten, die in Köln an Grundstücken vorgenommen wurden, ihre Zustimmung geben mußten. Es wäre eine lohnende Aufgabe, an Hand dieser Urkunden der Ostbewegung des deutschen Bürgertums, insbesondere des rheinischen Bürgertums, nachzugehen. Ich bin sicher, daß sich wertvolle Erkenntnisse ermitteln ließen. Hier aber liegt nicht nur eine Aufgabe des Hansischen Geschichtsvereins, sondern auch eine Aufgabe unserer Arbeitsgemeinschaft. Die wirtschafts- und rechtshistorische Forschung wäre überaus dankbar, wenn sich eine solche Untersuchung von der Arbeitsgemeinschaft finanzieren ließe.

Professor Dr. phil. Ahasver von Brandt

Ich darf vielleicht daran erinnern, daß ein Düsseldorfer Archivar, nämlich Herr Dösseler, zwar nicht für Köln, aber für andere Teile des rheinischen Raumes eine ganze Reihe von Publikationen zu diesem Thema vor dem Krieg veröffentlicht hat, also Quellen, die diese gegenseitigen Beziehungen aufzeigen. Ich habe sie vorhin nur mit einem Satz angedeutet. Dafür gibt es ein Material, das ein ganzes Forscherteam jahrzehntelang beschäftigen könnte. Was Sie erwähnen, Herr Kollege Conrad, hinsichtlich der Quellen, die in Köln zutage getreten sind, entspricht ja in gleichem Maße den Quellen bei uns. In unseren Archiven sind die von Köln kommenden Schreiben in großer Zahl vorhanden. Die sogenannten Nächstzeugnisse, also Bescheinigungen, daß jemand nächster Erbe oder nächster Verwandter ist, häufen sich namentlich in den Jahren der großen Pest zu Hunderten. Da liegt das Problem nicht an dem Mangel der Quellen, sondern an der Überfülle der Quellen. Das ist ein Stoff, der einmal thematisch sauber ausgearbeitet werden sollte. Ich habe bei uns zum Beispiel eine Publikation von Lübecker Testamenten vorbereitet, in denen diese Beziehungen dauernd vorkommen. Köln hat leider seine Testamente nicht in extenso veröffentlicht, sondern gewissermaßen nur in archivalischer Verzeichnung, und infolgedessen sind sie für solche Zwecke einstweilen schwer benutzbar.

Zu den schwierigsten Fragen gehört, inwieweit war die Hanse Genossenschaft, und inwieweit ist sie als Rechtseinheit irgendwie zu fassen. Ich möchte beinahe vorziehen, darauf nicht zu tief einzugehen, denn es läßt sich sehr viel für und wider sagen. Es ist jetzt eine sehr gute Arbeit von Herrn Friedland über die Mitgliedschaft in der Hanse erschienen, und zwar in einem der letzten Bände der Hansischen Geschichtsblätter. Die Fragen der Mitgliedschaft einzelner Städte, einzelner Bürger und einzelner Kaufleute in der Hanse sind sehr kompliziert. Ich muß auch hier entschuldigend das sagen, was ich vorher sagte: Mir kam es nach unserem Thema vor allem auf die politische Funktion, auf das politische Agieren an. Da ist es nun zweifellos so, daß es „die Hanse" als politisch handelnde Körperschaft nicht gibt. Ich betone das, weil die allgemeine Geschichtsliteratur immer wieder mit der Fiktion arbeitet: „Die Hanse" macht das, tut das, führt Krieg, erwirbt Privilegien. In Wirklichkeit ist es eben anders. Das Lübecker Archiv hat eine ganze Reihe der hansischen Auslandsprivilegien besessen. In der Regel sind sie von dem betreffenden ausländischen Privilegiengeber entweder direkt für Lübeck oder ganz allgemein „für den deutschen Kaufmann" ausgestellt, aber kaum je „für die Hanse". Das kommt erst im 15. Jahrhundert. Da erscheinen dann in den englischen und in den skandinavischen Privilegien „die Städte von der deutschen Hanse". Eine immer wiederkehrende Frage aller ausländischen Vertragspartner an Lübeck war: Wer sind denn diese Hansestädte, habt ihr eine Liste? Sie haben nie eine Liste bekommen, weil Lübeck unfähig gewesen wäre, diese Liste auszustellen. Sie hätten es auch nicht getan, wenn sie es gekonnt hätten, aber sie waren dazu zweifellos unfähig. Luise von Winterfeld hat am Beispiel der westfälischen Hansestädte dargestellt, wie sie sich in mittelbare und unmittelbare Hansestädte gliederten, wie Münster, Soest, Köln usw. als Gruppenführer auftreten und auch kleinste, dorfähnliche Städte sich anschließen. Das sind Erscheinungen der späteren Zeit, die man nicht zum Vergleich heranziehen kann.

Professor Dr. theol., Dr. phil. Josef Koch

Ich bin Außenseiter der Hansegeschichte und kenne nur einen kleinen Ausschnitt aus ihr, nämlich den, der in das Leben des Kardinals Nikolaus von Kues hineinragt. Nun existiert aus dem Jahre 1456 ein Schreiben des dänischen Königs Christian I. an den Kaiser. Es geht um die Besetzung des Erzstuhls von Drontheim. Der König sagt, der Kaiser möchte doch die Bestimmungen des Konkordats für die deutsche Nation berücksichtigen, deren Mitglied die Norweger seien. Meine Frage ist nun die: Ist dieser Ausdruck ad hoc fabriziert oder ist es so, daß sich darin wirklich ein Bewußtsein von nationaler Zusammengehörigkeit mit dem deutschen Volk ausdrückt? Ich frage deshalb, weil Sie besonders betonten, die politischen Aktionen der dänischen Könige seien durch dynastische Interessen bestimmt. Eine gewisse Bestätigung für den Ausdruck in dem Brief des Dänenkönigs existiert in Uppsala, nämlich ein Dekret, das der Kardinaldekan Nikolaus von Kues für den Brigittinerorden in Schweden erlassen hat. Er hatte aber als Legat nur Vollmacht für den Bereich der deutschen Nation.

Professor Dr. phil. Ahasver von Brandt

Ich möchte annehmen, daß es sich um eine politische Ad-hoc-Konstruktion handelt. Wir haben mehrere Fälle, bei denen die nordischen Machthaber aus reinem Gegenwartsinteresse den deutschen Kaiser als politischen Faktor im Norden aufleben lassen. Das kommt noch im Anfang des 16. Jahrhunderts vor, als man den Kaiser als Schiedsrichter – quasi als Oberhaupt des Abendlandes – in die Streitigkeiten zwischen dem dänischen Herrscher und dem jüngeren Sten Sture von Schweden hineinziehen will. Solche Fälle kommen vor. Ich glaube nicht, daß sie irgend etwas mit dem Bewußtsein einer pangermanischen Zusammengehörigkeit zu tun haben. Dabei mag aber vielleicht auch mitspielen, daß an verschiedenen Universitäten die skandinavischen Studenten mit zur deutschen Nation gerechnet wurden wie an anderen Universitäten die Deutschen zur englischen Nation und dergleichen. Auch in Venedig wurden die Niederländer und die Skandinavier zu den Deutschen gerechnet. Das könnte also in dem Fall ein bequem herangezogener Vorwand gewesen sein. Sonst wäre mir nicht bekannt, daß es in dieser Form irgendwelche reale Hintergründe gibt.

Professor Dr. phil., Dr. h. c. Max Braubach

Sie haben uns in sehr eindrucksvoller Weise gezeigt, wie einseitig vom jeweiligen nationalen Standpunkt die nordische Geschichte dargestellt worden ist. Darf ich fragen, ob von deutscher Seite neuerdings eine objektivere Würdigung der Hanse, die über das viel gelesene, aber doch wohl unzureichende Werk von Pagel hinausführt, vorliegt oder in Vorbereitung ist?

Eine zweite Frage möchte ich im Hinblick auf die Verflechtung von Städten und Territorialherren stellen. Rörig ist es wohl gewesen, der darauf hingewiesen hat, daß die Städtegründungen, wie vor allem Lübeck, weniger auf die Fürsten als auf die großen Fernhändler des deutschen Westens zurückgehen. Wie steht man heute zu dieser These?

Endlich beschäftigt mich ein drittes Problem, das sich auf die Umschichtung der Machtverhältnisse im Norden bezieht. Sie haben deutlich gezeigt, welche politische Vorrangstellung hier lange Zeit Dänemark gehabt hat, weil es die beiden Ufer des Eingangs zur Ostsee im Besitz hatte. Wie ist dann der Abstieg Dänemarks zu erklären? Es ist auffallend, daß seit Beginn der Neuzeit nacheinander neue Mächte von Osten her vordringen und sich das dominium maris Baltici aneignen, zunächst Schweden. Der Tiefstand der dänischen Macht wird freilich erst in einer Zeit erreicht, in der auch die schwedische Machtstellung schon erschüttert ist, nämlich während des ersten Nordischen Kriegs, als die Dänen im Frieden von Roeskilde auf Schonen und damit auf das eine Ufer des Sundes verzichten müssen. Warum hat sich das volkreichere Dänemark dem Nachbarn beugen müssen? Später trat ja dann an Schwedens Stelle Rußland.

Professor Dr. phil. Ahasver von Brandt

Ich muß ergänzend sagen, daß die Stellungnahme der nordischen Geschichtswissenschaft zu den Problemen, die ich berührt habe, nicht einheitlich ist. Es gibt Darstellungen, die von dem, was ich angedeutet habe, abweichen, die also die Sache sehr viel nüchterner sehen. Es gibt eine vorzügliche Darstellung der hansisch-schwedischen Verhältnisse durch den Stockholmer Dozenten Kjell Kumlien. Der Norweger Johann Schreiner hat Bedeutendes zur Revision früherer Ansichten über das hansisch-norwegische Verhältnis beigetragen, zum Teil in Diskussionen mit deutschen Autoren. Ich muß allerdings bekennen, daß es keine irgendwie befriedigende Gesamtdarstellung der hansischen Geschichte gibt. Wir sind in der peinlichen Lage, daß es auch hier, wie in manchen anderen Randgebieten unserer Wissenschaft, ein Außenseiter gewesen ist, der ein dickes Buch darüber geschrieben hat, mit dem wir alle nicht recht zufrieden sind, ja, über das wir teilweise unglücklich sind. Das ist das Buch von Karl Pagel, der mancherlei Mißverständnisse und Schiefheiten in sein Buch gebracht hat, weil er nicht aktiv in der Forschung steht, sein Material aber so geschickt kombiniert hat, daß man sagen muß: Man muß das Buch benutzen, weil wir etwas anderes nicht haben, es ist auch nichts im Werden. Heinrich Reincke, ein Altmeister unserer hansischen Forschung, hat einmal gesagt: Es gibt nichts Schwierigeres als die methodische Konstruktion einer hansischen Geschichtsdarstellung. Allein daran ist es auch immer wieder gescheitert.

Wir sind nun insofern gerechtfertigt, als die Gegenseite genau in der gleichen Situation ist. Es gibt erstaunlicherweise keine wissenschaftliche Darstellung dessen, was man nun skandinavische Geschichte größerer Zeiträume nennen könnte. Das einzige neuere Buch ist von einem Franzosen geschrieben. Es ist ein kleines Taschenbuch der bekannten Reihe „Que-sais-je?", und das ist eigentlich alles, was es auf dem Gebiete gibt. Wir haben uns also in dieser Richtung gegenseitig nichts vorzuwerfen.

Bei der zweiten Frage, wer bezüglich der Städtegründung der entscheidende Partner war, Bürgertum oder Fürstentum, bin ich, offengestanden etwas ängstlich, sie hier in die Diskussion aufzunehmen. Sie kennen die Rörigschen Thesen, von denen ich behaupten möchte, daß sie von seinen Gegnern viel mehr überspitzt worden sind, als er je gewollt hat. Man kann wohl doch sagen, daß beide Partner untrennbar dazu gehören. Das Fürstentum war unentbehrlich für die staatliche und rechtliche Konstruktion der Städtegründungen, auch für die politischen Sicherungen und die grundrechtlichen Fragen. Andererseits war das Bürgertum unentbehrlich, weil es ja den wirtschaftlichen Hintergrund brachte, der eine Stadt erst lebensfähig macht. Weiter werden wir wahrscheinlich in der Beantwortung dieser Fragen nicht kommen. Es wird immer zwei Auffassungen geben, die vielleicht eher davon bestimmt sind, ob man das ganze mehr von der rechtlichen oder von der sozialen und wirtschaftlichen Seite her sieht. Leider laufen die beiden Ansichten auch heute noch weitgehend nebeneinander her, ohne zu einem Strome zu verschmelzen.

Die dritte Frage betrifft die Verschiebung der Machtverhältnisse im Norden. Das ist ja das große Thema von der Mitte des 16. Jahrhunderts bis zur zweiten Hälfte des 17. Jahrhunderts. Die Frage, wie es möglich war, daß der schwedische Staat die Ausgangsposition Dänemarks so überrollen konnte, führt in die großen europäischen Zusammenhänge hinein. Man wird wohl vermuten können, daß der Anfang darin liegt, daß Schweden seit Ende des 16. Jahrhunderts versucht, die Auseinandersetzung nicht auf dem Wege der direkten Frontstellung in der Ostsee zu betreiben, in der es immer hinter Dänemark zurückstand, sondern auf Umwegen von Osten und Süden her. Sie haben selbst den Frieden von Roskilde erwähnt. Diese Vorgänge in der Mitte des 17. Jahrhunderts, die Dänemark dann auf die Knie zwingen, z. B. mit der Belagerung Kopenhagens, durch Karl XI., sind nur zu verstehen, wenn man sich immer wieder klarmacht, daß diese schwedische Invasion nach Dänemark von Süden her gekommen war, also auf einem Umwege, der im Verlauf von etwa 80 Jahren durch den Aufbau der Position Schwedens an den östlichen und südlichen Küsten der Ostsee vorbereitet worden war. Auf dem Wege, der im Mittelalter immer versucht worden ist, wäre diese Umkehrung der Machtverhältnisse wahrscheinlich nicht gekommen.

Diskussion

Professor Dr. phil., Dr. rer. pol., Dr. theol. Joseph Höffner

Der Hinweis des Herrn Kollegen von Brandt auf das Leistungsmonopol, das die Hanse im Handel mit den nordischen Ländern besaß, legt die Frage nahe, ob die hansischen Kaufleute sich nicht auch an Monopolen im engeren Sinn, die damals im wesentlichen *Handels*monopole waren, beteiligt haben. Der fremdartige Ausdruck „Monopol", für den man im deutschen Sprachgebiet hin und wieder die Bezeichnung „Ainshand", „einhendiger Handel" oder „sie stupfen mit einander" gebrauchte, dürfte im Mittelalter und zu Beginn der Neuzeit – besonders unter der städtischen Bevölkerung – einen ähnlichen, gefühlsbetonten Klang gehabt haben wie in den letzten hundert Jahren das Schlagwort „Kapitalismus". In den Flugschriften und Pamphleten, in den Spottgedichten und Fastnachtspossen jener Jahrhunderte findet sich der Name „Monopolist" immer wieder als Schimpfwort und Angriffsparole. Die Quellen berichten von Handelsmonopolen für Gewürze, Quecksilber, Zinn, Kupfer, Bernstein, Stockfische usw. Man könnte deshalb die Frage stellen, ob die Abneigung gegen die hansischen Kaufleute in den nordischen Ländern nicht mit der auch in den deutschen und italienischen Städten weitverbreiteten Erregung gegen die „Monopolisten" zusammenhängt, so daß der Unwille gegen die hansischen Kaufleute sich weniger gegen die Deutschen als vielmehr gegen die „Monopolisten" gerichtet hätte.

Professor Dr. phil. Ahasver von Brandt

Wenn ich von einem „Leistungsmonopol" sprach, so nur, um in Kürze anzudeuten, daß ein faktisch nicht vereinbartes Monopol dadurch eingetreten war, daß kein anderer da war, der die Leistungen tragen konnte.

Es ist kein Zweifel, daß die anstößige Monopolbildung, beginnend im 16. Jahrhundert, der Hanse weitgehend fremd geblieben ist. Man kann also, soweit mir bekannt ist, nicht davon sprechen, daß die Monopolfeindlichkeit, die ja im Altreich, in Süddeutschland und in Westdeutschland auftrat, auch im hansischen Raum erschienen ist. Im Gegenteil, die Hanse und die Hansestädte machen sich die Monopolklagen, die auf den Reichstagen immer wieder zum Vorschein kommen, mit einem gewissen Vergnügen zu eigen, indem sie sie gegen die Fugger anwenden, als die zwischen 1510 und 1520 in den Kupferhandel in Nordeuropa einzudringen versuchen und über

Danzig ungarisches Kupfer an die Nordsee bringen, während bis dahin das schwedische Kupfer dominierte, das die Hanse in der Hand hatte.

Eine andere Sache ist das Stapelrecht, das Niederlagsrecht, das faktisch einen monopolartigen Zustand zur Folge hatte, wie zum Beispiel in Brügge, wo man mit Erfolg 200 Jahre den Handelsstrom auf Brügge und damit in der Hand der in Brügge ansässigen auswärtigen Kaufleute monopolisiert hatte. Das betrifft aber nicht nur die Hanse, sondern auch die Genuesen und die Spanier.

Professor Dr. phil. Werner Caskel

Herr Kollege, Sie haben die Sonderstellung Danzigs in seinen ersten Jahrhunderten wegen des Konflikts mit dem Orden berührt. Auch dieser Konflikt war doch rein oder fast rein wirtschaftlicher Art, und zwar insofern, als der Orden selbst den überseeischen Handel an sich bringen wollte. Ebensowenig waren die Beziehungen zu Polen von Nationalismus beeinflußt. Vielmehr hat gerade Danzig durch den Anschluß an Polen seine Stellung viel länger bewahrt als andere norddeutsche Städte. Der Höhepunkt, mindestens in Wissenschaft, Kunst und Musik – das wird leicht übersehen – liegt ja erst im 17. Jahrhundert und besonders in der Zeit des Dreißigjährigen Krieges. Von einer Polonisierung kann keine Rede sein. Bei den übrigen Städten Westpreußens ist das Problem ja auch kein völkisches oder nationales, sondern ein konfessionelles. Da hat es bekanntlich in Thorn Schwierigkeiten gegeben, ebenso in Marienburg und, ich glaube, auch in Elbing. Trotz einiger Hinrichtungen usw. hat sich der Protestantismus überall erhalten, zum Teil auch der deutsche Adel, der seiner Zeit ohnehin gegen den Orden war. Dieser Adel war älter als der Orden. Der Orden kam – sagen wir – als Missionsorden dorthin. Aber das ganze westliche Weichselland war ja seit Adalbert von Prag christlich.

Nun etwas anderes! Eine Art Nationalheiligtum in Danzig war das berühmte Bild von Memling in der Marienkirche „Das jüngste Gericht". In der Tat, zumindest der rechte Flügel, der Einzug der Seligen ins Paradies, ist eines der schönsten Bilder, die ich gesehen habe. Nun, zur Erwerbung dieses Bildes: Man hat sie immer so dargestellt, daß ein gutes Recht auf es bestanden hätte. Das ist aber doch wohl fraglich, jedenfalls nach späteren Anschauungen. Freilich „Krieg, Handel und Piraterie" samt Kaperbriefen sind bis zu Anfang des 19. Jahrhunderts geltendes Seerecht gewesen. Ich glaube, das Schiff mit dem Bild ging damals unter bretonischer Flagge von Flandern nach London.

Professor Dr. phil. Ahasver von Brandt

Bei dem Danziger Bild von Memling darf nicht mit dem Begriff des Seeraubs operiert werden. In den Jahren vor 1475 bestand Kriegszustand zwischen einigen hansischen Städten, Lübeck an der Spitze der wendischen Städte und Danzig, gegen England. Das Schiff, auf dem sich die Ladung des lombardischen Kaufmanns Tommaso Portinari befand, zu der auch das Bild gehörte, wurde als gute Prise von einem Danziger Kaperschiff genommen und wurde vom Danziger Rat auch als gute Prise anerkannt. Die Danziger vertraten damals einen anderen Standpunkt als die Lübecker. Sie sagten damals: Feindschiff macht Feindgut und Feindgut macht Feindschiff. Auf diese Weise ist das Bild nach Danzig gekommen. Es hat dann noch einen jahrzehntelangen Prozeß zwischen Portinari und der Stadt Danzig gegeben, und zwar nicht nur um das Bild, sondern auch um die übrige Ladung.

Was nun den Konflikt Danzigs mit dem Orden angeht, so ist es dankenswert, daß Sie auf diese Parallele hingewiesen haben. Dieses für uns so anstößige Verhältnis zwischen den preußischen Städten und dem polnischen König entspricht ja genau den Beziehungen, die ich für die nordischen Beziehungen der Hansestädte angedeutet habe. Freilich ist der Konflikt zwischen Danzig und dem Hochmeister nicht nur wirtschaftlich begründet, sondern auch verfassungsrechtlicher Art durch die Eingriffe in die städtische Autonomie.

Der Interessengegensatz zwischen den preußischen und den wendischen Städten, den ich wiederholt angedeutet habe, beruht darauf, daß die preußischen Städte lediglich an der Durchfahrt durch den Sund, also an dem unmittelbaren Ostsee-Westsee-Verkehr, interessiert waren, während die wendischen Städte, an ihrer Spitze Lübeck und Hamburg, es am liebsten gesehen hätten, wenn der Sund geschlossen gewesen wäre, so daß sie den gesamten Ostwestaustausch über die Landstraße Hamburg–Lübeck hätten ziehen können. Das führte dazu, daß die preußischen Städte im Verhältnis zu den nordischen Mächten eine andere Politik betrieben als die wendischen, weil den einen an der Öffnung, den anderen an der Schließung des Sunds gelegen war.

Professor Dr. jur. Ulrich Scheuner

Nur eine Randbemerkung noch zur Ergreifung fremder Schiffe und Waren zur See. Es handelt sich hierbei nicht um Seeraub, sondern um die Anwendung eines dem Mittelalter, aber selbst noch der Neuzeit bis zu den napoleonischen Kriegen hin bekannten Instituts: der Kaperei. Da die mittelalterlichen Länder nicht über größere stehende Flotten verfügten, so rüstete man im Kriegsfall private Unternehmer mit Ermächtigungen zum Aufbringen feindlicher Handelsschiffe aus. Die Sicherung dieser Einrichtung gegen Mißbrauch bestand in dem Grundsatz, daß alle eingebrachten Werte durch ein Gericht, das Prisengericht, förmlich eingezogen werden mußten. Ein bestimmter Betrag der Beute wird dabei an den Fürsten abgeführt. Das wird in Danzig ähnlich gewesen sein.

Die rechtlichen Schwierigkeiten dieser Praxis lagen vor allem in der Frage, wieweit neutrales Gut im Kriegsfall der Erfassung als Konterbande unterlag. Die Auseinandersetzung im Seekrieg geht darum, daß die Neutralen im Kriege ihren Handel mit den Kriegführenden fortführen wollen, diese aber daran interessiert sind, dem Gegner diesen Handel zu unterbinden. Das sind Fragen, die in der Geschichte des Seekriegsrechts eine große Rolle spielten.

VERÖFFENTLICHUNGEN
DER ARBEITSGEMEINSCHAFT FÜR FORSCHUNG
DES LANDES NORDRHEIN-WESTFALEN

AGF-N
Heft-Nr.

NATUR-, INGENIEUR- UND
GESELLSCHAFTSWISSENSCHAFTEN

1	*Friedrich Seewald, Aachen*	Neue Entwicklungen auf dem Gebiete der Antriebsmaschinen
	Fritz A. F. Schmidt, Aachen	Technischer Stand und Zukunftsaussichten der Verbrennungsmaschinen, insbesondere der Gasturbinen
	Rudolf Friedrich, Mülheim (Ruhr)	Möglichkeiten und Voraussetzungen der industriellen Verwertung der Gasturbine
2	*Wolfgang Riezler, Bonn*	Probleme der Kernphysik
	Fritz Micheel, Münster	Isotope als Forschungsmittel in der Chemie und Biochemie
3	*Emil Lehnartz, Münster*	Der Chemismus der Muskelmaschine
	Gunther Lehmann, Dortmund	Physiologische Forschung als Voraussetzung der Bestgestaltung der menschlichen Arbeit
	Heinrich Kraut, Dortmund	Ernährung und Leistungsfähigkeit
4	*Franz Wever, Düsseldorf*	Aufgaben der Eisenforschung
	Hermann Schenck, Aachen	Entwicklungslinien des deutschen Eisenhüttenwesens
	Max Haas, Aachen	Die wirtschaftliche und technische Bedeutung der Leichtmetalle und ihre Entwicklungsmöglichkeiten
5	*Walter Kikuth, Düsseldorf*	Virusforschung
	Rolf Danneel, Bonn	Fortschritte der Krebsforschung
	Werner Schulemann, Bonn	Wirtschaftliche und organisatorische Gesichtspunkte für die Verbesserung unserer Hochschulforschung
6	*Walter Weizel, Bonn*	Die gegenwärtige Situation der Grundlagenforschung in der Physik
	Siegfried Strugger †, Münster	Das Duplikantenproblem in der Biologie
	Fritz Gummert, Essen	Überlegungen zu den Faktoren Raum und Zeit im biologischen Geschehen und Möglichkeiten einer Nutzanwendung
7	*August Götte, Aachen*	Steinkohle als Rohstoff und Energiequelle
	Karl Ziegler, Mülheim (Ruhr)	Über Arbeiten des Max-Planck-Instituts für Kohlenforschung
8	*Wilhelm Fucks, Aachen*	Die Naturwissenschaft, die Technik und der Mensch
	Walther Hoffmann, Münster	Wirtschaftliche und soziologische Probleme des technischen Fortschritts
9	*Franz Bollenrath, Aachen*	Zur Entwicklung warmfester Werkstoffe
	Heinrich Kaiser, Dortmund	Stand spektralanalytischer Prüfverfahren und Folgerung für deutsche Verhältnisse
10	*Hans Braun, Bonn*	Möglichkeiten und Grenzen der Resistenzzüchtung
	Carl Heinrich Dencker, Bonn	Der Weg der Landwirtschaft von der Energieautarkie zur Fremdenergie
11	*Herwart Opitz, Aachen*	Entwicklungslinien der Fertigungstechnik in der Metallbearbeitung
	Karl Krekeler, Aachen	Stand und Aussichten der schweißtechnischen Fertigungsverfahren
12	*Hermann Rathert, W'tal-Elberfeld*	Entwicklung auf dem Gebiet der Chemiefaser-Herstellung
	Wilhelm Weltzien, Krefeld	Rohstoff und Veredlung in der Textilwirtschaft
13	*Karl Herz, Frankfurt a. M.*	Die technischen Entwicklungstendenzen im elektrischen Nachrichtenwesen
	Leo Brandt, Düsseldorf	Navigation und Luftsicherung
14	*Burckhardt Helferich, Bonn*	Stand der Enzymchemie und ihre Bedeutung
	Hugo Wilhelm Knipping, Köln	Ausschnitt aus der klinischen Carcinomforschung am Beispiel des Lungenkrebses

15	*Abraham Esau* †, *Aachen*	Ortung mit elektrischen u. Ultraschallwellen in Technik u. Natur
	Eugen Flegler, Aachen	Die ferromagnetischen Werkstoffe der Elektrotechnik und ihre neueste Entwicklung
16	*Rudolf Seyffert, Köln*	Die Problematik der Distribution
	Theodor Beste, Köln	Der Leistungslohn
17	*Friedrich Seewald, Aachen*	Die Flugtechnik und ihre Bedeutung für den allgemeinen technischen Fortschritt
	Edouard Houdremont †, *Essen*	Art und Organisation der Forschung in einem Industriekonzern
18	*Werner Schulemann, Bonn*	Theorie und Praxis pharmakologischer Forschung
	Wilhelm Groth, Bonn	Technische Verfahren zur Isotopentrennung
19	*Kurt Traenckner* †, *Essen*	Entwicklungstendenzen der Gaserzeugung
20	*M. Zvegintzov, London*	Wissenschaftliche Forschung und die Auswertung ihrer Ergebnisse
		Ziel und Tätigkeit der National Research Development Corporation
	Alexander King, London	Wissenschaft und internationale Beziehungen
21	*Robert Schwarz, Aachen*	Wesen und Bedeutung der Siliciumchemie
	Kurt Alder †, *Köln*	Fortschritte in der Synthese der Kohlenstoffverbindungen
21 a	*Karl Arnold*	Forschung an Rhein und Ruhr
	Otto Hahn, Göttingen	Die Bedeutung der Grundlagenforschung für die Wirtschaft
	Siegfried Strugger †, *Münster*	Die Erforschung des Wasser- und Nährsalztransportes im Pflanzenkörper mit Hilfe der fluoreszenzmikroskopischen Kinematographie
22	*Johannes von Allesch, Göttingen*	Die Bedeutung der Psychologie im öffentlichen Leben
	Otto Graf, Dortmund	Triebfedern menschlicher Leistung
23	*Bruno Kuske, Köln*	Zur Problematik der wirtschaftswissenschaftlichen Raumforschung
	Stephan Prager, Düsseldorf	Städtebau und Landesplanung
24	*Rolf Danneel, Bonn*	Über die Wirkungsweise der Erbfaktoren
	Kurt Herzog, Krefeld	Der Bewegungsbedarf der menschlichen Gliedmaßengelenke bei der Arbeit
25	*Otto Haxel, Heidelberg*	Energiegewinnung aus Kernprozessen
	Max Wolf, Düsseldorf	Gegenwartsprobleme der energiewirtschaftlichen Forschung
26	*Friedrich Becker, Bonn*	Ultrakurzwellenstrahlung aus dem Weltraum
	Hans Straßl, Münster	Bemerkenswerte Doppelsterne und das Problem der Sternentwicklung
27	*Heinrich Behnke, Münster*	Der Strukturwandel der Mathematik in der ersten Hälfte des 20. Jahrhunderts
	Emanuel Sperner, Hamburg	Eine mathematische Analyse der Luftdruckverteilungen in großen Gebieten
28	*Oskar Niemczyk* †, *Berlin*	Die Problematik gebirgsmechanischer Vorgänge im Steinkohlenbergbau
	Wilhelm Ahrens, Krefeld	Die Bedeutung geologischer Forschung für die Wirtschaft, besonders in Nordrhein-Westfalen
29	*Bernhard Rensch, Münster*	Das Problem der Residuen bei Lernvorgängen
	Hermann Fink, Köln	Über Leberschäden bei der Bestimmung des biologischen Wertes verschiedener Eiweiße von Mikroorganismen
30	*Friedrich Seewald, Aachen*	Forschungen auf dem Gebiet der Aerodynamik
	Karl Leist †, *Aachen*	Einige Forschungsarbeiten aus der Gasturbinentechnik
31	*Fritz Mietzsch* †, *Wuppertal*	Chemie und wirtschaftliche Bedeutung der Sulfonamide
	Gerhard Domagk, Wuppertal	Die experimentellen Grundlagen der bakteriellen Infektionen
32	*Hans Braun, Bonn*	Die Verschleppung von Pflanzenkrankheiten und Schädlingen über die Welt
	Wilhelm Rudorf, Köln	Der Beitrag von Genetik und Züchtung zur Bekämpfung von Viruskrankheiten der Nutzpflanzen

33	Volker Aschoff, Aachen	Probleme der elektroakustischen Einkanalübertragung
	Herbert Döring, Aachen	Die Erzeugung und Verstärkung von Mikrowellen
34	Rudolf Schenck, Aachen	Bedingungen und Gang der Kohlenhydratsynthese im Licht
	Emil Lehnartz, Münster	Die Endstufen des Stoffabbaues im Organismus
34a	Wilhelm Fucks, Aachen	Mathematische Analyse von Sprachelementen, Sprachstil und Sprachen
35	Hermann Schenck, Aachen	Gegenwartsprobleme der Eisenindustrie in Deutschland
	Eugen Piwowarsky †, Aachen	Gelöste und ungelöste Probleme im Gießereiwesen
36	Wolfgang Riezler, Bonn	Teilchenbeschleuniger
	Gerhard Schubert, Hamburg	Anwendungen neuer Strahlenquellen in der Krebstherapie
37	Franz Lotze, Münster	Probleme der Gebirgsbildung
38	E. Colin Cherry, London	Kybernetik. Die Beziehung zwischen Mensch und Maschine
	Erich Pietsch, Frankfurt	Dokumentation und mechanisches Gedächtnis – zur Frage der Ökonomie der geistigen Arbeit
39	Abraham Esau †, Aachen	Der Ultraschall und seine technischen Anwendungen
	Heinz Haase, Hamburg	Infrarot und seine technischen Anwendungen
40	Fritz Lange, Bochum-Hordel	Die wirtschaftliche und soziale Bedeutung der Silikose im Bergbau
	Walter Kikuth und Werner Schlipköter, Düsseldorf	Die Entstehung der Silikose und ihre Verhütungsmaßnahmen
40a	Eberhard Gross, Bonn	Berufskrebs und Krebsforschung
	Hugo Wilhelm Knipping, Köln	Die Situation der Krebsforschung vom Standpunkt der Klinik
41	Gustav-Victor Lachmann, London	An einer neuen Entwicklungsschwelle im Flugzeugbau
	A. Gerber, Zürich-Oerlikon	Stand der Entwicklung der Raketen- und Lenktechnik
42	Theodor Kraus, Köln	Über Lokalisationsphänomene und Ordnungen im Raume
	Fritz Gummert, Essen	Vom Ernährungsversuchsfeld der Kohlenstoffbiologischen Forschungsstation Essen
42a	Gerhard Domagk, Wuppertal	Fortschritte auf dem Gebiet der experimentellen Krebsforschung
43	Giovanni Lampariello, Rom	Das Leben und das Werk von Heinrich Hertz
	Walter Weizel, Bonn	Das Problem der Kausalität in der Physik
43a	José Ma Albareda, Madrid	Die Entwicklung der Forschung in Spanien
44	Burckhardt Helferich, Bonn	Über Glykoside
	Fritz Micheel, Münster	Kohlenhydrat-Eiweißverbindungen und ihre biochemische Bedeutung
45	John von Neumann †, Princeton	Entwicklung und Ausnutzung neuerer mathematischer Maschinen
	Eduard Stiefel, Zürich	Rechenautomaten im Dienste der Technik
46	Wilhelm Weltzien, Krefeld	Ausblick auf die Entwicklung synthetischer Fasern
	Walther G. Hoffmann, Münster	Wachstumsprobleme der Wirtschaft
47	Leo Brandt, Düsseldorf	Die praktische Förderung der Forschung in Nordrhein-Westfalen
	Ludwig Raiser, Tübingen	Die Förderung der angewandten Forschung durch die Deutsche Forschungsgemeinschaft
48	Hermann Tromp, Rom	Die Bestandsaufnahme der Wälder der Welt als internationale und wissenschaftliche Aufgabe
	Franz Heske, Hamburg	Die Wohlfahrtswirkungen des Waldes als internationales Problem
49	Günther Böhnecke, Hamburg	Zeitfragen der Ozeanographie
	Heinz Gabler, Hamburg	Nautische Technik und Schiffssicherheit
50	Fritz A. F. Schmidt, Aachen	Probleme der Selbstzündung und Verbrennung bei der Entwicklung der Hochleistungskraftmaschinen
	August Wilhelm Quick, Aachen	Ein Verfahren zur Untersuchung des Austauschvorganges in verwirbelten Strömungen hinter Körpern mit abgelöster Strömung
51	Johannes Pätzold, Erlangen	Therapeutische Anwendung mechanischer und elektrischer Energie

52	F. W. A. Patmore, London	Der Air Registration Board und seine Aufgaben im Dienste der britischen Flugzeugindustrie
	A. D. Young, London	Gestaltung der Lehrtätigkeit in der Luftfahrttechnik in Großbritannien
52a	C. Martin, London	Die Royal Society
	A. J. A. Roux, Südafrikanische Union	Probleme der wissenschaftlichen Forschung in der Südafrikanischen Union
53	Georg Schnadel, Hamburg	Forschungsaufgaben zur Untersuchung der Festigkeitsprobleme im Schiffsbau
	Wilhelm Sturtzel, Duisburg	Forschungsaufgaben zur Untersuchung der Widerstandsprobleme im See- und Binnenschiffbau
53a	Giovanni Lampariello, Rom	Von Galilei zu Einstein
54	Walter Dieminger, Lindau/Harz	Ionosphäre und drahtloser Weitverkehr
54a	John Cockcroft, F.R.S., Cambridge	Die friedliche Anwendung der Atomenergie
55	Fritz Schultz-Grunow, Aachen	Kriechen und Fließen hochzäher und plastischer Stoffe
	Hans Ebner, Aachen	Wege und Ziele der Festigkeitsforschung, insbesondere im Hinblick auf den Leichtbau
56	Ernst Derra, Düsseldorf	Der Entwicklungsstand der Herzchirurgie
	Gunther Lehmann, Dortmund	Muskelarbeit und Muskelermüdung in Theorie und Praxis
57	Theodor von Kármán, Pasadena	Freiheit und Organisation in der Luftfahrtforschung
	Leo Brandt, Düsseldorf	Bericht über den Wiederbeginn deutscher Luftfahrtforschung
58	Fritz Schröter, Ulm	Neue Forschungs- und Entwicklungsrichtungen im Fernsehen
	Albert Narath, Berlin	Der gegenwärtige Stand der Filmtechnik
59	Richard Courant, New York	Die Bedeutung der modernen mathematischen Rechenmaschinen für mathematische Probleme der Hydrodynamik und Reaktortechnik
	Ernst Peschl, Bonn	Die Rolle der komplexen Zahlen in der Mathematik und die Bedeutung der komplexen Analysis
60	Wolfgang Flaig, Braunschweig	Zur Grundlagenforschung auf dem Gebiet des Humus und der Bodenfruchtbarkeit
	Eduard Mückenhausen, Bonn	Typologische Bodenentwicklung und Bodenfruchtbarkeit
61	Walter Georgii, München	Aerophysikalische Flugforschung
	Klaus Oswatitsch, Aachen	Gelöste und ungelöste Probleme der Gasdynamik
62	Adolf Butenandt, München	Über die Analyse der Erbfaktorenwirkung und ihre Bedeutung für biochemische Fragestellungen
63	Oskar Morgenstern, Princeton	Der theoretische Unterbau der Wirtschaftspolitik
64	Bernhard Rensch, Münster	Die stammesgeschichtliche Sonderstellung des Menschen
65	Wilhelm Tönnis, Köln	Die neuzeitliche Behandlung frischer Schädelhirnverletzungen
65a	Siegfried Strugger †, Münster	Die elektronenmikroskopische Darstellung der Feinstruktur des Protoplasmas mit Hilfe der Uranylmethode und die zukünftige Bedeutung dieser Methode für die Erforschung der Strahlenwirkung
66	Wilhelm Fucks, Gerd Schumacher und Andreas Scheidweiler, Aachen	Bildliche Darstellung der Verteilung und der Bewegung von radioaktiven Substanzen im Raum, insbesondere von biologischen Objekten (Physikalischer Teil)
	Hugo Wilhelm Knipping und Erich Liese, Köln	Bildgebung von Radioisotopenelementen im Raum bei bewegten Objekten (Herz, Lungen etc.) (Medizinischer Teil)
67	Friedrich Paneth †, Mainz	Die Bedeutung der Isotopenforschung für geochemische und kosmochemische Probleme
	J. Hans D. Jensen und H. A. Weidenmüller, Heidelberg	Die Nichterhaltung der Parität
67a	Francis Perrin, Paris	Die Verwendung der Atomenergie für industrielle Zwecke
68	Hans Lorenz, Berlin	Forschungsergebnisse auf dem Gebiete der Bodenmechanik als Wegbereiter für neue Gründungsverfahren
	Georg Garbotz, Aachen	Die Bedeutung der Baumaschinen- und Baubetriebsforschung für die Praxis

69	*Maurice Roy, Chatillon*	Luftfahrtforschung in Frankreich und ihre Perspektiven im Rahmen Europas
	Alexander Naumann, Aachen	Methoden und Ergebnisse der Windkanalforschung
69a	*Harry W. Melville, London*	Die Anwendung von radioaktiven Isotopen und hoher Energiestrahlung in der polymeren Chemie
70	*Eduard Justi, Braunschweig*	Elektrothermische Kühlung und Heizung. Grundlagen und Möglichkeiten
	Richard Vieweg, Braunschweig	Maß und Messen in Geschichte und Gegenwart
71	*Fritz Baade, Kiel*	Gesamtdeutschland und die Integration Europas
	Günther Schmölders, Köln	Ökonomische Verhaltensforschung
72	*Rudolf Wille, Berlin*	Modellvorstellungen zum Übergang Laminar-Turbulent
	Josef Meixner, Aachen	Neuere Entwicklung der Thermodynamik
73	*Ake Gustafsson, Diter v. Wettstein und Lars Ehrenberg, Stockholm*	Mutationsforschung und Züchtung
	Joseph Straub, Köln	Mutationsauslösung durch ionisierende Strahlung
74	*Martin Kersten, Aachen*	Neuere Versuche zur physikalischen Deutung technischer Magnetisierungsvorgänge
	Günther Leibfried, Aachen	Zur Theorie idealer Kristalle
75	*Wilhelm Klemm, Münster*	Neue Wertigkeitsstufen bei den Übergangselementen
	Helmut Zahn, Aachen	Die Wollforschung in Chemie und Physik von heute
76	*Henri Cartan, Paris*	Nicolas Bourbaki und die heutige Mathematik
76a	*Harald Cramér, Stockholm*	Aus der neueren mathematischen Wahrscheinlichkeitslehre
77	*Georg Melchers, Tübingen*	Die Bedeutung der Virusforschung für die moderne Genetik
	Alfred Kühn, Tübingen	Über die Wirkungsweise von Erbfaktoren
78	*Fréderic Ludwig, Paris*	Experimentelle Studien über die Distanzeffekte in bestrahlten vielzelligen Organismen
	A. H. W. Aten jr., Amsterdam	Die Anwendung radioaktiver Isotope in der chemischen Forschung
79	*Hans Herloff Inhoffen und Wilhelm Bartmann, Braunschweig*	Chemische Übergänge von Gallensäuren in cancerogene Stoffe und ihre möglichen Beziehungen zum Krebsproblem
	Rolf Danneel, Bonn	Entstehung, Funktion und Feinbau der Mitochondrien
80	*Max Born, Bad Pyrmont*	Der Realitätsbegriff in der Physik
81	*Joachim Wüstenberg, Gelsenkirchen*	Der gegenwärtige ärztliche Standpunkt zum Problem der Beeinflussung der Gesundheit durch Luftverunreinigungen
82	*Paul Schmidt, München*	Periodisch wiederholte Zündungen durch Stoßwellen
83	*Walter Kikuth, Düsseldorf*	Die Infektionskrankheiten im Spiegel historischer und neuzeitlicher Betrachtungen
84	*F. Rudolf Jung †, Aachen*	Die geodätische Erschließung Kanadas durch elektronische Entfernungsmessung
84a	*Hans-Ernst Schwiete, Aachen*	Ein zweites Steinzeitalter? – Gesteinshüttenkunde früher und heute
85	*Horst Rothe, Karlsruhe*	Der Molekularverstärker und seine Anwendung
	Roland Lindner, Göteborg	Atomkernforschung und Chemie, aktuelle Probleme
86	*Paul Denzel, Aachen*	Technische und wirtschaftliche Probleme der Energieumwandlung und -Fortleitung
87	*Jean Capelle, Lyon*	Der Stand der Ingenieurausbildung in Frankreich
88	*Friedrich Panse, Düsseldorf*	Klinische Psychologie, ein psychiatrisches Bedürfnis
	Heinrich Kraut, Dortmund	Über die Deckung des Nährstoffbedarfs in Westdeutschland
90	*Edgar Rößger, Berlin*	Zur Analyse der auf angebotene tkm umgerechneten Verkehrsaufwendungen und Verkehrserträge im Luftverkehr
	Günther Ulbricht, Oberpfaffenhofen (Obb.)	Die Funknavigationsverfahren und ihre physikalischen Grenzen
91	*Franz Wever, Düsseldorf*	Das Schwert in Mythos und Handwerk
	Ernst Hermann Schulz, Dortmund	Über die Ergebnisse neuerer metallkundlicher Untersuchungen alter Eisenfunde und ihre Bedeutung für die Technik und die Archäologie

92	*Hermann Schenck, Aachen*	Wertung und Nutzung der wissenschaftlichen Arbeit am Beispiel des Eisenhüttenwesens
93	*Oskar Löbl, Essen*	Streitfragen bei der Kostenberechnung des Atomstroms
	Frederic de Hoffmann, Los Alamos	Ein neuer Weg zur Kostensenkung des Atomstroms. Das amerikanische Hochtemperaturprojekt (NTGR)
	Rudolf Schulten, Mannheim	Die Entwicklung des Hochtemperaturreaktors
94	*Gunther Lehmann, Dortmund*	Die Einwirkung des Lärms auf den Menschen
	Franz Josef Meister, Düsseldorf	Geräuschmessungen an Verkehrsflugzeugen und ihre hörpsychologische Bewertung
96	*Herwart Opitz, Aachen*	Technische und wirtschaftliche Aspekte der Automatisierung
	Joseph Mathieu, Aachen	Arbeitswissenschaftliche Aspekte der Automatisierung
97	*Stephan Prager, Düsseldorf*	Das deutsche Luftbildwesen
	Hugo Kasper, Heerbrugg (Schweiz)	Die Technik des Luftbildwesens
98	*Karl Oberdisse, Düsseldorf*	Aktuelle Probleme der Diabetesforschung
	H. D. Cremer, Gießen	Neue Gesichtspunkte zur Vitaminversorgung
99	*Hans Schwippert, Düsseldorf*	Über das Haus der Wissenschaften und die Arbeit des Architekten von heute
	Volker Aschoff, Aachen	Über die Planung großer Hörsäle
100	*Raymond Cheradame, Paris*	Aufgaben und Probleme des Instituts für Kohleforschung in Frankreich — Anforderungen an den wissenschaftlichen Nachwuchs in der Forschung und seine Ausbildung
	Marc Allard, St. Germain-en Laye	Das Institut für Eisenforschung in Frankreich und seine Probleme in der Eisenforschung
101	*Reimar Pohlman, Aachen*	Die neuesten Ergebnisse der Ultraschallforschung in Anwendung und Ausblick auf die moderne Technik
	E. Ahrens, Kiel	Schall und Ultraschall in der Unterwassernachrichtentechnik
102	*Heinrich Hertel, Berlin*	Grundlagenforschung für Entwurf und Konstruktion von Flugzeugen
103	*Franz Ollendorff, Haifa*	Technische Erziehung in Israel
104	*Hans Ferdinand Mayer, München*	Interkontinentale Nachrichtenübertragung mittels moderner Tiefseekabel und Satellitenverbindungen
105	*Wilhelm Krelle, Bonn*	Gelöste und ungelöste Probleme der Unternehmensforschung
	Horst Albach, Bonn	Produktionsplanung auf der Grundlage technischer Verbrauchsfunktionen
106	*Lord Hailsham, London*	Staat und Wissenschaft in einer freien Gesellschaft
108	*André Voisin, Frankreich*	Über die Verbindung der Gesundheit des modernen Menschen mit der Gesundheit des Bodens
	Hans Braun, Bonn	Standort und Pflanzengesundheit
109	*Alfred Neuhaus, Bonn*	Höchstdruck-Hochtemperatur-Synthesen, ihre Methoden und Ergebnisse
	Rudolf Tschesche, Bonn	Chemie und Genetik
111	*Sir Basil Schonland, Harwell*	Einige Gesichtspunkte über die friedlichen Verwendungsmöglichkeiten der Atomenergie
113	*Friedrich Becker, Bonn*	Vier Jahre Radioastronomie an der Universität Bonn
	Werner Ruppel, Rolandseck	Große Richtantennen

VERÖFFENTLICHUNGEN DER ARBEITSGEMEINSCHAFT FÜR FORSCHUNG DES LANDES NORDRHEIN-WESTFALEN

AGF-G Heft Nr.   GEISTESWISSENSCHAFTEN

1	*Werner Richter †, Bonn*	Von der Bedeutung der Geisteswissenschaften für die Bildung unserer Zeit
	Joachim Ritter, Münster	Die Lehre vom Ursprung und Sinn der Theorie bei Aristoteles
2	*Josef Kroll, Köln*	Elysium
	Günther Jachmann, Köln	Die vierte Ekloge Vergils
3	*Hans Erich Stier, Münster*	Die klassische Demokratie
4	*Werner Caskel, Köln*	Lihyan und Lihyanisch. Sprache und Kultur eines frükarabischen Königreiches
5	*Thomas Ohm, O. S. B., Münster*	Stammesreligionen im südlichen Tanganjika-Territorium
6	*Georg Schreiber, Münster*	Deutsche Wissenschaftspolitiker von Bismarck bis zum Atomwissenschaftler Otto Hahn
7	*Walter Holtzmann, Bonn*	Das mittelalterliche Imperium und die werdenden Nationen
8	*Werner Caskel, Köln*	Die Bedeutung der Beduinen in der Geschichte der Araber
9	*Georg Schreiber, Münster*	Irland im deutschen und abendländischen Sakralraum
10	*Peter Rassow †, Köln*	Forschungen zur Reichs-Idee im 16. und 17. Jahrhundert
11	*Hans Erich Stier, Münster*	Roms Aufstieg zur Weltmacht und die griechische Welt
12	*Karl Heinrich Rengstorf, Münster*	Mann und Frau im Urchristentum
	Hermann Conrad, Bonn	Grundprobleme einer Reform des Familienrechtes
13	*Max Braubach, Bonn*	Der Weg zum 20. Juli 1944. Ein Forschungsbericht
15	*Franz Steinbach, Bonn*	Der geschichtliche Weg des wirtschaftenden Menschen in die soziale Freiheit und politische Verantwortung
16	*Josef Koch, Köln*	Die Ars coniecturalis des Nikolaus von Kues
17	*James B. Conant, USA*	Staatsbürger und Wissenschaftler
	Karl Heinrich Rengstorf, Münster	Antike und Christentum
19	*Fritz Schalk, Köln*	Das Lächerliche in der französischen Literatur des Ancien Régime
20	*Ludwig Raiser, Tübingen*	Rechtsfragen der Mitbestimmung
21	*Martin Noth, Bonn*	Das Geschichtsverständnis der alttestamentlichen Apokalyptik
22	*Walter F. Schirmer, Bonn*	Glück und Ende der Könige in Shakespeares Historien
23	*Günther Jachmann, Köln*	Der homerische Schiffskatalog und die Ilias (erschienen als wissenschaftliche Abhandlung)
24	*Theodor Klauser, Bonn*	Die römische Petrustradition im Lichte der neuen Ausgrabungen unter der Peterskirche
25	*Hans Peters, Köln*	Die Gewaltentrennung in moderner Sicht
28	*Thomas Ohm, O. S. B., Münster*	Die Religionen in Asien
29	*Johann Leo Weisgerber, Bonn*	Die Ordnung der Sprache im persönlichen und öffentlichen Leben
30	*Werner Caskel, Köln*	Entdeckungen in Arabien
31	*Max Braubach, Bonn*	Landesgeschichtliche Bestrebungen und historische Vereine im Rheinland
32	*Fritz Schalk, Köln*	Somnium und verwandte Wörter in den romanischen Sprachen
33	*Friedrich Dessauer, Frankfurt*	Reflexionen über Erbe und Zukunft des Abendlandes
34	*Thomas Ohm, O. S. B., Münster*	Ruhe und Frömmigkeit. Ein Beitrag zur Lehre von der Missionsmethode
35	*Hermann Conrad, Bonn*	Die mittelalterliche Besiedlung des deutschen Ostens und das Deutsche Recht
36	*Hans Sckommodau, Köln*	Die religiösen Dichtungen Margaretes von Navarra
37	*Herbert von Einem, Bonn*	Der Mainzer Kopf mit der Binde
38	*Joseph Höffner, Münster*	Statik und Dynamik in der scholastischen Wirtschaftsethik

39	*Fritz Schalk, Köln*	Diderots Essai über Claudius und Nero
40	*Gerhard Kegel, Köln*	Probleme des internationalen Enteignungs- und Währungsrechts
41	*Johann Leo Weisgerber, Bonn*	Die Grenzen der Schrift – Der Kern der Rechtschreibreform
43	*Theodor Schieder, Köln*	Die Probleme des Rapallo-Vertrags. Eine Studie über die deutsch-russischen Beziehungen 1922-1926
44	*Andreas Rumpf, Köln*	Stilphasen der spätantiken Kunst
45	*Ulrich Luck, Münster*	Kerygma und Tradition in der Hermeneutik Adolf Schlatters
46	*Walther Holtzmann, Bonn*	Das deutsche historische Institut in Rom
	Graf Wolff Metternich, Rom	Die Bibliotheca Hertziana und der Palazzo Zuccari zu Rom
47	*Harry Westermann, Münster*	Person und Persönlichkeit als Wert im Zivilrecht
49	*Friedrich Karl Schumann †, Münster*	Mythos und Technik
52	*Hans J. Wolff, Münster*	Die Rechtsgestalt der Universität
54	*Max Braubach, Bonn*	Der Einmarsch deutscher Truppen in die entmilitarisierte Zone am Rhein im März 1936. Ein Beitrag zur Vorgeschichte des zweiten Weltkrieges
55	*Herbert von Einem, Bonn*	Die „Menschwerdung Christi" des Isenheimer Altares
56	*Ernst Joseph Cohn, London*	Der englische Gerichtstag
57	*Albert Woopen, Aachen*	Die Zivilehe und der Grundsatz der Unauflöslichkeit der Ehe in der Entwicklung des italienischen Zivilrechts
58	*Parl Kerényi, Ascona*	Die Herkunft der Dionysosreligion nach dem heutigen Stand der Forschung
59	*Herbert Jankuhn, Göttingen*	Die Ausgrabungen in Haithabu und ihre Bedeutung für die Handelsgeschichte des frühen Mittelalters
60	*Stephan Skalweit, Bonn*	Edmund Burke und Frankreich
62	*Anton Moortgat, Berlin*	Archäologische Forschungen der Max-Freiherr-von-Oppenheim-Stiftung im nördlichen Mesopotamien 1955
63	*Joachim Ritter, Münster*	Hegel und die französische Revolution
66	*Werner Conze, Heidelberg*	Die Strukturgeschichte des technisch-industriellen Zeitalters als Aufgabe für Forschung und Unterricht
67	*Gerhard Hess, Bad Godesberg*	Zur Entstehung der „Maximen" La Rochefoucaulds
69	*Ernst Langlotz, Bonn*	Der triumphierende Perseus
70	*Geo Widengren, Uppsala*	Iranisch-semitische Kulturbegegnung in parthischer Zeit
71	*Josef M. Wintrich †, Karlsruhe*	Zur Problematik der Grundrechte
72	*Josef Pieper, Münster*	Über den Begriff der Tradition
73	*Walter T. Schirmer, Bonn*	Die frühen Darstellungen des Arthurstoffes
74	*William Lloyd Prosser, Berkeley*	Kausalzusammenhang und Fahrlässigkeit
75	*Johann Leo Weisgerber, Bonn*	Verschiebung in der sprachlichen Einschätzung von Menschen und Sachen (erschienen als wissenschaftliche Abhandlung)
76	*Walter H. Bruford, Cambridge*	Fürstin Gallitzin und Goethe. Das Selbstvervollkommnungsideal und seine Grenze
77	*Hermann Conrad, Bonn*	Die geistigen Grundlagen des Allgemeinen Landrechts für die preußischen Staaten von 1794
78	*Herbert von Einem, Bonn*	Asmus Jacob Carsten, Die Nacht mit ihren Kindern
79	*Paul Gieseke, Bad Godesberg*	Eigentum und Grundwasser
80	*Werner Richter †, Bonn*	Wissenschaft und Geist in der Weimarer Republik
81	*Leo Weisgerber, Bonn*	Sprachenrecht und europäische Einheit
82	*Otto Kirchheimer, New York*	Gegenwartsprobleme der Asylgewährung
83	*Alexander Knur, Bad Godesberg*	Probleme der Zugewinngemeinschaft
84	*Helmut Coing, Frankfurt*	Die juristischen Auslegungsmethoden und die Lehren der allgemeinen Hermeneutik
85	*André George, Paris*	Der Humanismus und die Krise der Welt von heute
86	*Harald von Petrikovits, Bonn*	Das römische Rheinland. Archäologische Forschungen seit 1945
87	*Franz Steinbach, Bonn*	Ursprung und Wesen der Landgemeinde nach rheinischen Quellen
88	*Jost Trier, Münster*	Versuch über Flußnamen

89	*C. R. van Paassen, Amsterdam*	Platon in den Augen der Zeitgenossen
90	*Pietro Quaroni, Rom*	Die kulturelle Sendung Italiens
91	*Theodor Klauser, Bonn*	Christlicher Märtyrerkult, heidnischer Heroenkult und spätjüdische Heiligenverehrung
92	*Herbert von Einem, Bonn*	Karl V. und Tizian
93	*Friedrich Merzbacher, München*	Die Bischofsstadt
94	*Martin Noth, Bonn*	Die Ursprünge des alten Israel im Lichte neuer Quellen
95	*Hermann Conrad, Bonn*	Rechtsstaatliche Bestrebungen im Absolutismus Preußens und Österreichs am Ende des 18. Jahrhunderts
96	*Helmut Schelsky, Münster*	Der Mensch in der wissenschaftlichen Zivilisation
97	*Joseph Höffner, Münster*	Industrielle Revolution und religiöse Krise. Schwund und Wandel des religiösen Verhaltens in der modernen Gesellschaft
98	*James Boyd, Oxford*	Goethe und Shakespeare
99	*Herbert von Einem, Bonn*	Das Abendmahl des Leonardo da Vinci
100	*Ferdinand Elsener, Tübingen*	Notare und Stadtschreiber. Zur Geschichte des schweizerischen Notariats
102	*Ahasver v. Brandt, Lübeck*	Die Hanse und die nordischen Mächte im Mittelalter

VERÖFFENTLICHUNGEN
DER ARBEITSGEMEINSCHAFT FÜR FORSCHUNG
DES LANDES NORDRHEIN-WESTFALEN

AGF-WA
Band Nr.   WISSENSCHAFTLICHE ABHANDLUNGEN

1	*Wolfgang Priester, Hans-Gerhard Bennewitz und Peter Lengrüßer, Bonn*	Radiobeobachtungen des ersten künstlichen Erdsatelliten
2	*Leo Weisgerber, Bonn*	Verschiebungen in der sprachlichen Einschätzung von Menschen und Sachen
3	*Erich Meuthen, Marburg*	Die letzten Jahre des Nikolaus von Kues
4	*Hans-Georg Kirchhoff, Rommerskirchen*	Die staatliche Sozialpolitik im Ruhrbergbau 1871–1914
5	*Günther Jachmann, Köln*	Der homerische Schiffskatalog und die Ilias
6	*Peter Hartmann, Münster*	Das Wort als Name (Struktur, Konstitution und Leistung der benennenden Bestimmung)
7	*Anton Moortgat, Berlin*	Archäologische Forschungen der Max-Freiherr-von-Oppenheim-Stiftung im nördlichen Mesopotamien 1956
8	*Wolfgang Priester und Gerhard Hergenhahn, Bonn*	Bahnbestimmung von Erdsatelliten aus Doppler-Effekt-Messungen
9	*Harry Westermann, Münster*	Welche gesetzlichen Maßnahmen zur Luftreinhaltung und zur Verbesserung des Nachbarrechts sind erforderlich?
10	*Hermann Conrad und Gerd Kleinheyer, Bonn*	Carl Gottlieb Svarez (1746–1798) – Vorträge über Recht und Staat
11	*Georg Schreiber, Münster*	Die Wochentage im Erlebnis der Ostkirche und des christlichen Abendlandes
12	*Günther Bandmann, Bonn*	Melancholie und Musik. Ikonographische Studien
13	*Wilhelm Goerdt, Münster*	Fragen der Philosophie. Ein Materialbeitrag zur Erforschung der Sowjetphilosophie im Spiegel der Zeitschrift „Voprosy Filosofii" 1947–1956
14	*Anton Moortgat, Berlin*	Tell Chuēra in Nordost-Syrien. Vorläufiger Bericht über die Grabung 1958
15	*Gerd Dicke, Krefeld*	Der Identitätsgedanke bei Feuerbach und Marx
16a	*Helmut Gipper, Bonn und Hans Schwarz, Münster*	Bibliographisches Handbuch zur Sprachinhaltsforschung, Teil I (Erscheint in Lieferungen)
17	*Thea Buyken, Bonn*	Das römische Recht in den Constitutionen von Melfi
18	*Lee E. Farr, Brookhaven, Hugo Wilhelm Knipping, Köln, und William H. Lewis, New York*	Nuklearmedizin in der Klinik. Symposion in Köln und Jülich unter besonderer Berücksichtigung der Krebs- und Kreislaufkrankheiten
19	*Hans Schwippert, Düsseldorf Volker Aschoff, Aachen, u. a.*	Das Karl-Arnold-Haus. Haus der Wissenschaften der AGF des Landes Nordrhein-Westfalen in Düsseldorf. Planungs- und Bauberichte (Herausgegeben von Leo Brandt, Düsseldorf)
20	*Theodor Schieder, Köln*	Das deutsche Kaiserreich von 1871 als Nationalstaat
21	*Georg Schreiber, Münster*	Der Bergbau in Geschichte, Ethos und Sakralkultur
22	*Max Braubach, Bonn*	Die Geheimdiplomatie des Prinzen Eugen von Savoyen
23	*Walter F. Schirmer, Bonn und Ulrich Broich, Göttingen*	Studien zum Literarischen Patronat im England des 12 Jahrhunderts
24	*Anton Moortgat, Berlin*	Tell Chuēra in Nordost-Syrien. Vorläufiger Bericht über die dritte Grabungskampagne 1960

VERÖFFENTLICHUNGEN
DER ARBEITSGEMEINSCHAFT FÜR FORSCHUNG
DES LANDES NORDRHEIN-WESTFALEN

SONDERVERÖFFENTLICHUNGEN

Aufgaben Deutscher Forschung, zusammengestellt und herausgegeben von *Leo Brandt*

    Band 1 Geisteswissenschaften · Band 2 Naturwissenschaften
    Band 3 Technik · Band 4 Tabellarische Übersicht zu den
    Bänden 1—3

Festschrift der Arbeitsgemeinschaft für Forschung des Landes Nordrhein-Westfalen zu Ehren des Herrn Ministerpräsidenten *Karl Arnold* anläßlich des fünfjährigen Bestehens am 5. Mai 1955.

MIX
Papier aus verantwortungsvollen Quellen
Paper from responsible sources
FSC® C105338

If you have any concerns about our products,
you can contact us on
ProductSafety@springernature.com

In case Publisher is established outside the EU,
the EU authorized representative is:
**Springer Nature Customer Service Center GmbH
Europaplatz 3, 69115 Heidelberg, Germany**

Printed by Libri Plureos GmbH
in Hamburg, Germany